Aus der Schmankerlküche des Pythagoras:

Die Spiegelung am Kreis

(zubereitet für Schülerinnen und Schüler ab der neunten Klasse)

Eine interessante Abbildung mit unerwarteten Eigenschaften...

Inhalt

Vorbemerkung	2
1. Einführung der Kreisspiegelung	3
2. Beispiele für Spiegelei-Spielerei	24
3. Die Kreisspiegelung - eine alte Bekannte!	35
4. Die Funktionsgleichung der Kreisspiegelung	40
5. Die Spiegelbilder der Kegelschnitte	43
6. Weitere Verfahren zur Bildpunktkonstruktion	50
7. Mascheronische Konstruktionen	61
8. Ein mechanischer Kreisspiegler zum Selbstbauen	72
9. Die stereographische Projektion	75
10. Die Berühreigenschaften des Feuerbachkreises als Anwendung	83
11 Die „große Schwester" der Kreisspiegelung – die Kugelinversion	91
12. Getriebe des Teufels – oder: Kann die Inversion tatsächlich Erdbeben verhindern?	93
13. Ergänzung: Der Sehnen - Tangenten - Satz	96
Schlussbemerkung	97

Bibliographische Information der Deutschen Nationalbibliothek

Die Deutsche Nationalbibliothek verzeichnet diese Publikation in der Deutschen Nationalbibliograie, detailierte bibliografische Daten sind im Internet über http://dnb.dnb.de abrufbar.

© 2015 Florian Borges

Herstellung und Verlag:

BoD - Books on Demand, Norderstedt

ISBN 978-3-7347-9186-4

Vorbemerkung

Der Kreis in seiner Vollkommenheit faszinierte die Menschen schon immer als Symbol für Unendlichkeit, für Wiederkehr, im Gegensatz zum Quadrat als Zeichen für von Menschen Erschaffenes (Häuser, Felder, Städte) steht der Kreis für den Himmel und das Göttliche. Konzentrische Kreise bedeuten im Zen-Buddhismus die höchste Stufe der Erleuchtung – das soll hier aber nicht unser Ziel sein, vielmehr bescheiden wir uns auf einen Happen genüsslich hergerichteter Mathematik und lassen uns auf ganz andere Weise von Kreisen verwöhnen.

In der Kochkunst gilt es gelegentlich als große Herausforderung, aus möglichst einfachen, jedermann verfügbaren Zutaten und mit ganz üblichen Methoden der Zubereitung dennoch ein möglichst raffiniertes, ausgefallenes Menü zu zaubern. Kann man den in der Küche verwendeten Lebensmitteln noch ziemlich gut und eindeutig die Eigenschaften „einfach, (hierzulande) jedermann verfügbar" bzw. „ausgefallen" zuordnen, so ist dies im Bereich der mathematischen Kochkunst nicht mehr so klar möglich. Dennoch bin ich mir Ihrer Zustimmung sicher, dass zum ersten die Bildpunktkonstruktion zur behandelten Kreisspiegelung für jedermann verständlich und einfach ist, dass es sich zum zweiten bei dem Lehrsatz des Pythagoras um ein vergleichsweise vielen Menschen verfügbares mathematisches Küchenwerkzeug handelt; zum dritten schließlich gilt die Spiegelung am Kreis sicherlich unter Kennern als ein mathematisches Schmankerl, das leider in der Schulmathematik meist sehr stiefmütterlich oder gar nicht behandelt wird. Der unwiderstehliche Reiz der Kreisspiegelung einerseits und zum anderen v.a. die Begeisterung über die Tatsache, dass ihre verblüffenden Eigenschaften lediglich mit der Satzgruppe des Pythagoras als Hilfsmittel gezeigt werden können, haben mich dazu angeregt, diese mathematische Delikatesse für Sie vorzubereiten. Ich habe mich bemüht, bei den Beweisen stilistisch sehr abwechslungsreich zu würzen. Bekanntlich sind gerade hier die Geschmäcker sehr verschieden, und so steht es natürlich jedem frei, dieses Mahl nach seiner persönlichen Note abzuschmecken. Zur Abrundung des Menüs serviere ich Ihnen schließlich noch die Berühreigenschaft des Feuerbachkreises an immerhin 16 weiteren Kreisen als leckere Nachspeise sowie die beinahe unglaubliche Nachricht, dass die Kreisspiegelung (zumindest theoretisch und in „3D") die Menschheit sogar vor Naturkatastrophen wie Erdbeben bewahren kann und hoffe, dass Ihnen alles bestens bekommt. Auf Anfrage (e-mail-Adresse siehe Ende der Schlussbemerkung) erhalten Sie gerne die Geogebradateien bzw. das Delphi-Programmchen zur Inversion eines beliebigen Bildes im bmp-Format.

Doch jetzt erst einmnal: Guten Appetit!

0. Hilfreiche Voraussetzungen

Schülerinnen und Schüler der neunten Jahrgangsstufe am bayerischen Gymnasium kennen bereits Achsen- und Punktsymmetrie als statische Eigenschaften von Objekten aus der Grundschule, die Achsen- und die Punktspiegelung sowie bestenfalls Drehungen und Verschiebungen als Abbildungen. Die Achsenspiegelung als „Urmutter" dieser Kongruenzabbildungen ist nicht allen als solche bewusst, lassen sich doch Verschiebungen als Doppelspiegelung an zueinander parallelen Achsen, die Punktspiegelung als Doppelspiegelung an zueinander senkrechten Achsen und die Drehung als Doppelspiegelung an sich im Drehpunkt und im halben Drehwinkel schneidenden Achsen interpretieren bzw. durch solche ersetzen. Alle Kongruenzabbildungen lassen sich also durch maximal drei Achsenspiegelungen (dann mit umgekehrtem Drehsinn beim Bild) bewerkstelligen, sind längen-, flächen- und winkeltreu. Schließlich sind die (statische) Ähnlichkeit als Zustand und die (kinematische) zentrische Streckung als zugehöriger Abbildungsvorgang geläufig, hier ist die Formtreue (Winkeltreue, also auch Parallelitätswahrung) noch gewährleistet, Längen- und Flächentreue dagegen nicht, dafür aber wenigstens zuverlässige Längen- und Flächenverhältnisse. Später im Rahmen der analytischen Geometrie der Oberstufe spiegeln die jungen Leute dann noch einfache Objekte wie Ebenen, Geraden oder Kugeln an Ebenen und lernen so die 3D-Variante der Achsenspiegelung kennen. Die naheliegenden Fragen nach den Möglichkeiten, eine (Erd-)Kugeloberfläche eindeutig auf eine ebene (Atlasseiten-) Fläche (bzw. den Bildschirm bei Onlinelandkarten) abzubilden oder die Entstehung der unvorteilhaften, eigenen Knollennase im Spiegelbild beim Blick auf eine Christbaumkugel aus geringem Abstand zu erklären, werden in der Schule leider nur sehr knapp in Geographie bzw. Strahlenoptik (Physik) oder garnicht behandelt. In beiden und vielen weiteren Fällen könnte die Kenntnis der Inversion am Kreis eine befriedigende Antwort bieten.

1. Einführung der Kreisspiegelung

In diesem Kapitel werden wir die Kreisspiegelung kennen- und hoffentlich auch gemeinsam schätzen lernen. Zu diesem Zweck wird sie als Abbildung zunächst durch eine geeignete, sehr einfache Vorschrift festgelegt. Gleich darauf werden wir uns überlegen, warum diese Zuordnung mit Recht eine „Spiegelung" genannt wird und in welch enger Beziehung sie zur bekanntesten aller Spiegelungen, nämlich der an einer (geraden) Achse, steht.
Bei der Untersuchung der Bilder von Geraden und Kreisen stoßen wir auf verblüffende Ergebnisse, die uns von den bisher bekannten (linearen) Abbildungen her völlig unbekannt waren: Geraden werden meistens auf Kreise abgebildet, Kreise manchmal auch auf Geraden! Einigermaßen erholt von diesem Schock prüfen wir, ob es Fixpunktmengen oder Fixmengen bei dieser sogenannten „Inversion" gibt. Einige Aufgaben sollen die frischen Erkenntnisse vertiefen, ehe eine letzte, unerwartete Eigenschaft dieser Abbildung behandelt wird: obwohl sie weder geraden-, längen- noch flächentreu ist, bleiben nämlich Winkel (bis auf den Drehsinn) erhalten! Der Abschnitt schließt mit einer kurzen Zusammenfassung der abbildungsgeometrischen Neuigkeiten.

1.1. Abbildungsvorschrift der Spiegelung am Kreis $k_s(M_s;r_s)$:

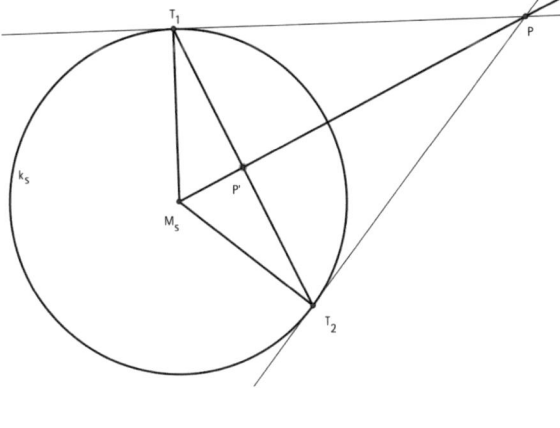

(Abb.1)

Wegen der Eindeutigkeit der zugrundeliegenden, stets möglichen Konstruktion sieht man:
Zu jedem Punkt P beliebig außerhalb des Spiegelkreises k_s gibt es genau einen Bildpunkt P' innerhalb $k_s \setminus \{M_s\}$ mit folgenden Eigenschaften:
a) P' liegt auf [M_sP und
b) P' liegt auf [$T_1 T_2$], wobei T_1 und T_2 die Berührpunkte der Tangenten durch P an k_s sind.

Zu P innerhalb $k_s \setminus \{M_s\}$ gilt die umgekehrte Abbildungsvorschrift entsprechend (Lot auf den Radius durch P schneidet k_s in T_1 und T_2, die dortigen Tangenten schneiden sich in P')
Definiert ist die Kreisspiegelung überall in der Ebene außer in M_s. Die Abbildung ordnet also jedem Punkt außerhalb k_s <u>genau einen</u> Punkt innerhalb $k_s \setminus \{M_s\}$ zu und umgekehrt! An der Abbildungsvorschrift erkennt man gleich: Die Kreisspiegelung ist <u>selbstinvers</u>. <u>Fixpunkte</u> der Kreisspiegelung sind genau die Punkte der Spiegelkreislinie (vgl. dazu auch 1.2.3. sowie Achsen- und Punktspiegelung).

1.2. Eigenschaften der Kreisspiegelung

Zunächst wollen wir den Namen „Spiegelung" rechtfertigen, ehe wir die Bilder von bestimmten Sorten von Geraden und Kreisen betrachten.

1.2.1. Grenzverhalten für große Spiegelkreis-Radien

Nach dem Kathetensatz (aus der Satzgruppe des Pythagoras, siehe Abb.1) gilt: $\overline{M_s P'} \cdot \overline{M_s P} = r^2$ (für beliebiges P)

Im Grenzübergang "Spiegelkreisradius r_s gegen unendlich" wird die Kreisspiegelung zur bekannten Achsenspiegelung:

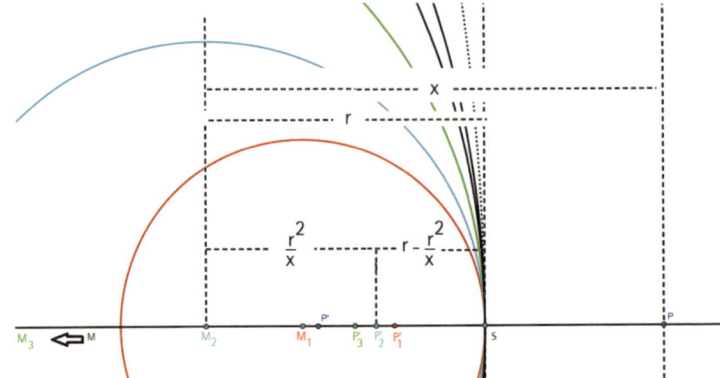

(Abb.2)

Anhand von Abb.2 wollen wir uns überlegen, wie sich das Bild P' eines Punktes P verändert, wenn man den Spiegelkreisradius immer größer werden läßt. Dabei halten wir den rechten Rand des Kreises fest und lassen stattdessen den Mittelpunkt M immer weiter nach links wandern. Der Schnittpunkt S der Halbgeraden [MP mit k_s sowie der Punkt P bleiben so immer an der gleichen Stelle. Betrachten wir das Verhältnis der Längen der Strecken [PS] und [P'S]:

$$\frac{\overline{P'S}}{\overline{PS}} = \frac{r - \frac{r^2}{x}}{x - r} = \frac{\frac{(rx - r^2)}{x}}{x - r} = \frac{\frac{r(x-r)}{x}}{(x-r)} = \frac{r}{x} = \frac{r}{r + \overline{PS}} = \frac{r}{r(1 + \frac{\overline{PS}}{r})} = \frac{1}{1 + \frac{\overline{PS}}{r}} \; ;$$

Weil der Term $\frac{\overline{PS}}{r}$ für große r immer kleiner wird und schließlich immer weniger von Null abweicht, wird das Verhältnis der Streckenlängen immer weniger von 1 abweichen, d.h. die Kreisspiegelung unterscheidet sich immer weniger von der Achsenspiegelung.
Weiterhin kann man anschaulich sagen (und das ist eine sehr bemerkenswerte Feststellung): Die Kreisspiegelung "klappt" alles außerhalb k_s (d.h. eine unendlich große Fläche!) nach innen (in eine endlich große Fläche!) und umgekehrt ; bildet man <u>endlich viele</u> Punkte so ab, so wird die "Bildpunktdichte" beim "Hineinspiegeln" umso größer, je näher das Bild bei M_s liegt.
Entsprechendes gilt umgekehrt auch beim "Hinausspiegeln"! Denkt man z.B. an das Spiegelbild eines Lineals, so wird klar: die Kreisspiegelung ist *weder längen- noch flächentreu* ! Verblüffenderweise werden wir jedoch bald (in 1.4.) feststellen, dass sie trotzdem *winkeltreu* ist!

<u>**Wichtiger Hinweis:**</u> Die Kreisspiegelung ist in M_s nicht definiert! Mit der Formulierung "...geht durch

M_s..." ist im folgenden stets gemeint, dass die Linie durch M_s gehen würde, wenn sie dort definiert wäre. In Wirklichkeit hat natürlich jede "Linie durch M_s" genau dort ein Definitionsloch!

1.2.2. Spiegelbilder von Kreisen und Geraden
1.2.2.1. Konzentrische Kreise innerhalb k_s ...
... werden auf konzentrische Kreise außerhalb k_s abgebildet (und umgekehrt).

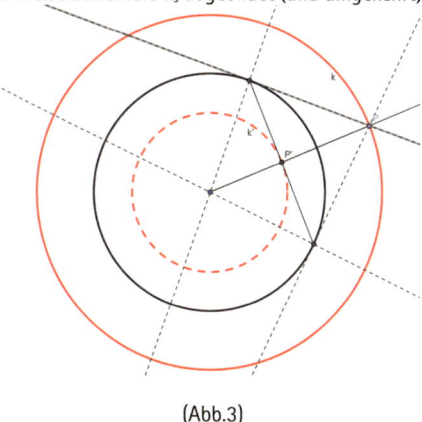

(Abb.3)

Beweisidee: Läßt man P auf $k(M_s; \overline{M_sP})$ wandern (z.B. mit der Geogebradatei abb3.ggb), so wandert P' entsprechend auf $k'(M_s; \overline{M_sP'})$ mit!
Dabei ist k_s einziger *Fixpunktkreis* (Fixkreise: siehe unten).

1.2.2.2. Geraden außerhalb k_s ...
... ("Passanten") werden auf Kreise in $k_s \setminus \{M_s\}$ abgebildet, die durch M_s gehen (und umgekehrt).

Beweis:

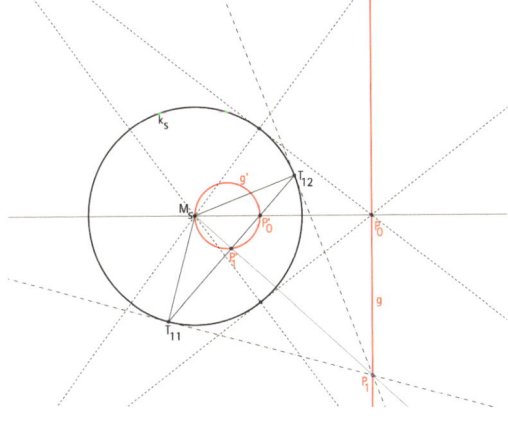

(Abb.4)

Es sei außerhalb vom Spiegelkreis $k_s(M_s;r_s)$ eine Passante g gegeben. Weiterhin sei
- P_0 der Fußpunkt des Lotes auf g durch M_s,
- P_0' sein Bildpunkt sowie P_1 auf g beliebig mit Bildpunkt P_1' und
- Tangentenberührpunkten T_{11} und T_{12}.

Wegen der Abbildungsvorschrift gilt nun $\overline{M_sP_1} \cdot \overline{M_sP_1'} = \overline{M_sP_0} \cdot \overline{M_sP_0'} \left(= r_s^2\right)$; damit gilt für die folgenden Verhältnisse: $\dfrac{\overline{M_sP_0}}{\overline{M_sP_1}} = \dfrac{\overline{M_sP_1'}}{\overline{M_sP_0'}}$; weil zudem $\angle\alpha = \angle P_1 M_s P_0 = \angle P_1' M_s P_0'$ gilt, sind die Dreiecke $M_sP_0P_1$ und $M_sP_1'P_0'$ ähnlich und damit ist auch der Winkel $\angle M_sP_1'P_0' = 90°$, folglich liegt P_1' stets auf dem (Thales-)Kreis über $[M_sP_0']$, womit die Behauptung bewiesen ist!

Einige Beispiele:

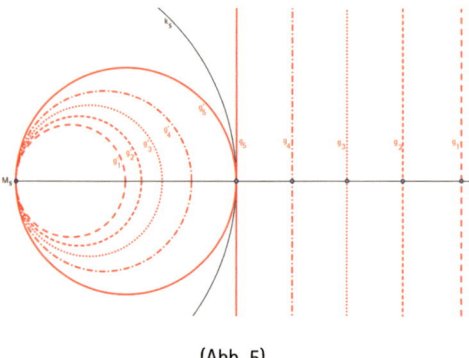

(Abb. 5)

Dabei sieht man gleich:
1.2.2.3.Berührgeraden ...
... am Spiegelkreis ("Tangenten") werden auf Berührkreise an k_s durch M_s abgebildet (und umgekehrt).
Auf die Verwandtschaft mit der stereographischen Projektion einer (Erd-)Kugeloberfläche in eine (Atlas-) Ebene möchte ich hier schon hinweisen, der neunte Abschnitt beschäftigt sich dann aber noch ausführlich mit dieser Thematik.

1.2.2.4.Geraden durch k_s ...
... ("Sekanten") ,die nicht durch M_s gehen, werden auf Kreise g' abgebildet, die durch M_s gehen und g auf k_s schneiden (und umgekehrt).
(Geraden durch M_s werden auf sich selbst abgebildet)

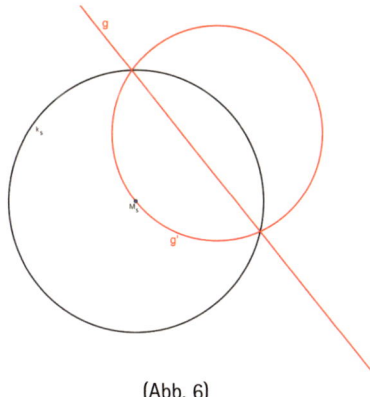

(Abb. 6)

<u>Beweis:</u> Zunächst ist wegen der Fixpunktkreis-Eigenschaft von k_s klar, dass sich g und g' auf k_s schneiden müssen!

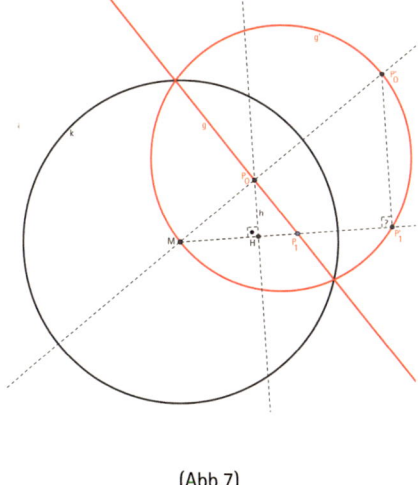

(Abb.7)

Es sei P_0 wieder der Fußpunkt der Höhe auf g durch M und P_1 ein Punkt auf g. Um zu zeigen, dass der Winkel $\angle(M\,P_1'P_0')=90°$ ist, wird bewiesen: P_0H ist parallel zu $P_0'P_1'$ (wobei H der Fußpunkt der Höhe h durch P_0 auf $M\,P_1$ ist)

<u>Bew.:</u> Entweder wie in 1.2.2.2. (dort für Passanten) oder:
(Siehe Abb.7) Die Dreiecke $M_s\,P_0P_1$, P_0HM und P_1HP_0 sind ähnlich, deshalb gilt:

$$\frac{\overline{MP_1}}{\overline{MP_0}} = \frac{\overline{MP_0}}{\overline{MH}} = \frac{\overline{P_0P_1}}{h} \quad \text{und somit:} \quad (*)\ \overline{MH} = \frac{\overline{MP_0}^2}{\overline{MP_1}}$$

Außerdem gilt:

$\overline{MP_0} \cdot \overline{MP_0}' = r^2 = \overline{MP_1} \cdot \overline{MP_1}'$ (gemäß Abbildungsvorschrift)

$\overline{MP_1} \cdot \overline{MP_1}' = r^2 \qquad \qquad | \cdot \overline{MP_0}$

$\overline{MP_1} \cdot \overline{MP_1}' \cdot \overline{MP_0} = r^2 \cdot \overline{MP_0} \qquad | : \overline{MP_1}$

$\overline{MP_1}' \cdot \overline{MP_0} = r^2 \cdot \dfrac{\overline{MP_0}}{\overline{MP_1}} \qquad | r^2 = \overline{MP_0} \cdot \overline{MP_0}'$

$\overline{MP_1}' \cdot \overline{MP_0} = \dfrac{\overline{MP_0}^2 \cdot \overline{MP_0}'}{\overline{MP_1}} \qquad |(*) \ \overline{MH} = \dfrac{\overline{MP_0}^2}{\overline{MP_1}}$

$\overline{MP_1}' \cdot \overline{MP_0} = \overline{MH} \cdot \overline{MP_0}'$ also:

$$\dfrac{\overline{MP_0}}{\overline{MP_0}'} = \dfrac{\overline{MH}}{\overline{MP_1}'}$$

Umkehrung des Strahlensatzes, Teil 1 liefert die Parallelität von P₀H und P₀'P₁'; damit folgt aus dem Stufenwinkelsatz der rechte Winkel $\angle$(MP₁'P₀'), folglich liegt P₁' auf dem Thaleskreis über [MP₀'] und damit folgt die Behauptung!

<u>Einige Beispiele:</u>

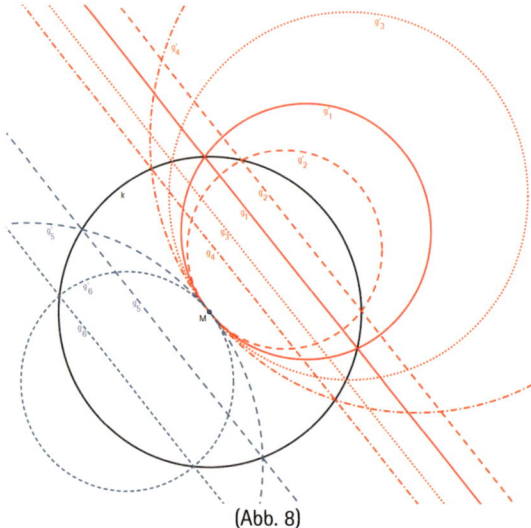

(Abb. 8)

1.2.2.5. Kreislinien (nichtkonzentrische, nicht durch M_s)
1.2.2.5.1. Kreislinien (nichtkonzentrische, nicht durch M_s) im Inneren von k_s

Behauptung: Solche Kreislinien werden auf solche Kreislinien außerhalb k_s abgebildet (und umgekehrt).

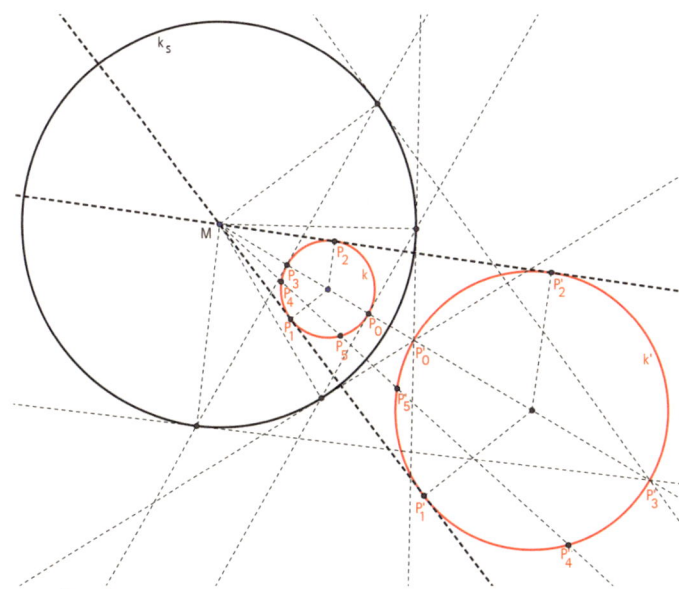

Zeichnung zum Beweis:

(Abb. 9)

Beweis: Es genügt zu zeigen, dass es eine zentrische Streckung $S(M_s;x)$ gibt mit der gewünschten Eigenschaft, also ist zunächst der Streckungsfaktor x zu bestimmen!

Weil $r^2 = \overline{M_sP_1} \cdot \overline{M_sP_1}'$ und $\overline{M_sP_1}' = x \cdot \overline{M_sP_1}$ muss gelten:

$$x = \frac{r^2}{\overline{M_sP_1}^2} \ .$$

Sei nun P_4 beliebig, P_5 der andere Schnittpunkt von M_sP_4 mit dem Kreis k; ferner seien P_4' und P_5' die Bildpunkte der beiden.

Mit dem Sehnen- Tangenten-Satz (vgl. Kap.13) gilt:

$\overline{M_sP_4} \cdot \overline{M_sP_5} = \overline{M_sP_1}^2$ und somit

$r^2 \cdot \overline{M_sP_4} \cdot \overline{M_sP_5} = r^2 \cdot \overline{M_sP_1}^2$

$r^2 \cdot \overline{M_sP_4} \cdot \overline{M_sP_5} = \overline{M_sP_5} \cdot \overline{M_sP_5'} \cdot \overline{M_sP_1}^2$

$r^2 \cdot \overline{M_sP_4} = \overline{M_sP_5'} \cdot \overline{M_sP_1}^2$

$\dfrac{r^2}{\overline{M_sP_1}^2} \cdot \overline{M_sP_4} = \overline{M_sP_5'}$

Das bedeutet aber gerade, dass die zentrische Streckung $S(M_s; \dfrac{r^2}{\overline{M_sP_1}^2})$ den Punkt

P$_4$ auf P$_5$' abbildet (und analog lässt sich zeigen, dass auf diese Weise P$_5$ auf P$_4$'
abgebildet wird). Es wurde also eine solche zentrische Streckung S gefunden,
wegen ihrer Kreistreue folgt die Behauptung!

<u>Anmerkung:</u> Hier lag eben M$_s$ außerhalb von k. Wenn jedoch der Spiegelkreismittelpunkt M$_s$ innerhalb
des zu spiegelnden Kreises k liegt, so lässt sich ein analoger Nachweis führen (mit negativem
Streckungsfaktor x!), wie man sich leicht anhand folgender Zeichnung überlegen kann (bemerkenswert
ist übrigens auch, dass der Mittelpunkt M$_{k'}$ des Bildkreises k' nicht der Bildpunkt M'$_k$ des
Urkreismittelpunktes M$_k$ ist - nicht nur in diesem Fall, sondern meistens!):

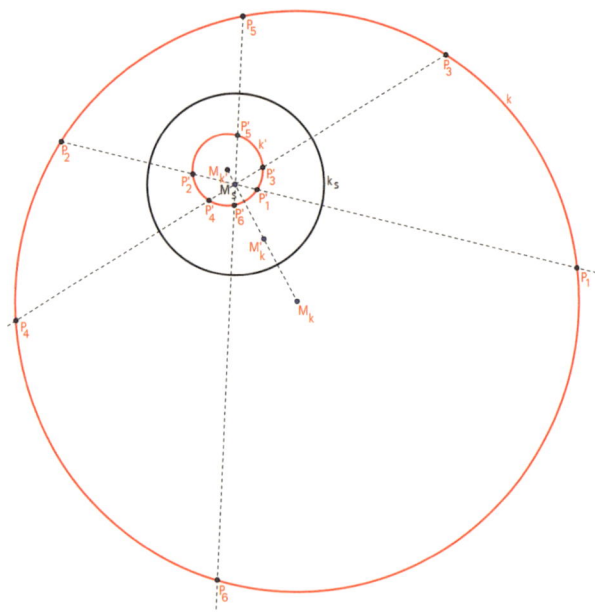

(Abb.10)

1.2.2.5.2. Kreislinien (nichtkonzentrische, nicht durch M_s), die k_s schneiden

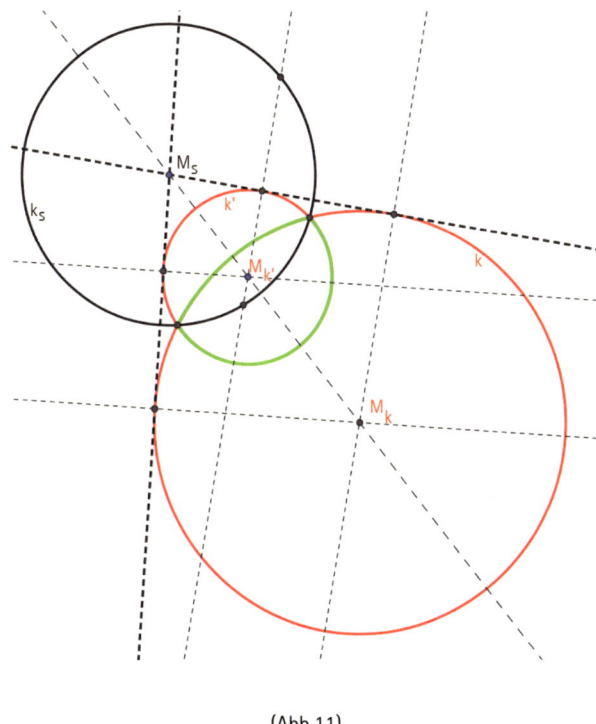

(Abb.11)

Beh.: Die Bilder solcher Kreise haben die gleichen Schnittpunkte mit k_s und sind auch solche Kreise!
Bew.: Ebenfalls über den Nachweis einer geeigneten zentrischen Streckung!

1.2.3. Fixpunktmengen und Fixmengen:

Jetzt wollen wir die Inversion am Kreis auf Fixpunkte hin untersuchen sowie auf Fixmengen, d.h. Mengen von Punkten, die als Ganzes auf sich selbst abgebildet werden, aber nicht punktweise. Hier bietet sich wieder der Vergleich mit bekannten Spiegelungen an: Bei der Achsenspiegelung, der „Mutter" aller (linearen) Abbildungen, ist die Spiegelachse die Fixpunktmenge, alle Lote darauf sind Fixmengen (ebenso wie natürlich auch alle anderen achsensymmetrischen Figuren). Die Punktspiegelung lässt sich bekanntlich durch zwei Spiegelungen an zueinander senkrechten Achsen ersetzen, dabei ist der Achsenschnittpunkt einziger Fixpunkt, und alle bezüglich diesem Achsenschnittpunkt symmetrischen Figuren sind Fixmengen.
Denken wir uns nun die Achsenspiegelung wieder als Grenzfall der Kreisspiegelung für wachsenden Spiegelkreisradius, dann wird klar:
Einzige Fixpunktmenge ist der Spiegelkreis selbst (Fixpunktkreis);
Fixgeraden sind die Geraden durch M_s (klar wegen Abbildungsvorschrift). Fixkreise sind (außer dem

Spiegelkreis selbst) genau die <u>Orthogonalkreise</u> (die lokal senkrecht stehen auf k$_s$):

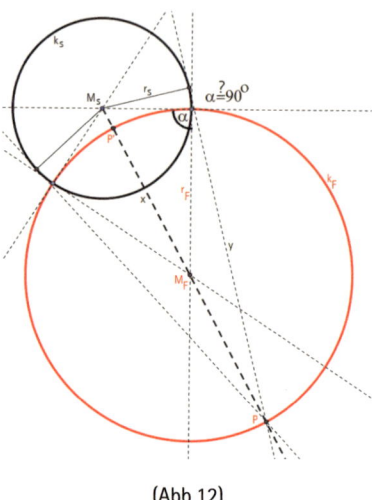

(Abb.12)

<u>Erste Begründung</u> (anschaulich ?!): Mit beliebiger Vergrößerung des Ausschnitts wird die Kreisspiegelung einer Achsenspiegelung beliebig ähnlich, dort müssen aber Fixgeraden (!) senkrecht stehen auf der Achse.

<u>Zweite Begründung:</u> Sei $k(M_F;r_F)$ ein Fixkreis und $\overline{M_sM_F} = x$;
Es ist $(x+r_F)^2 = r_s^2 + y^2$ (Satz d. Pythagoras) und $y^2 = 2 \cdot r_F \cdot (x+r_F)$; (Kathetensatz)
deshalb ist auch $x^2 + 2xr_F + r_F^2 = r_s^2 + 2xr_F + 2r_F^2$ und somit
$x^2 = r_s^2 + r_F^2$ (Pythagoras!), also ist der Schnittwinkel ein rechter (das war zu zeigen!)
(Umgekehrt folgt auch sofort, dass Orthogonalkreise stets Fixkreise sind!)

Vielleicht haben Sie Lust, sich noch einige Beispiele für weitere Fixmengen, d.h. kreisspiegelsymmetrische Figuren zu überlegen!

1.2.4. Bilder von Kreismittelpunkten:

Nachdem wir gesehen haben, dass wenigstens meistens Kreise wieder auf Kreise abgebildet werden, könnten wir auch glauben, dass deren Mittelpunkte aufeinander abgebildet werden. Es lässt sich aber leicht zeigen (und überrascht trotzdem!), dass dies auch fast nie der Fall ist.

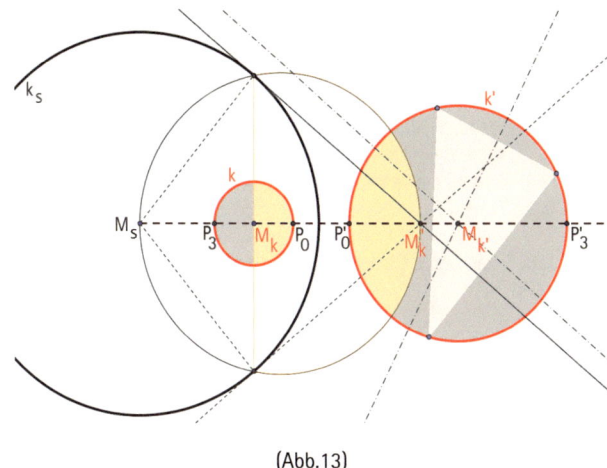

(Abb.13)

Der Mittelpunkt eines zu spiegelnden Kreises (bei einer Geraden "im Unendlichen")
wird i.a.nicht (d.h nie, außer wenn er auf k_s liegt) auf den Mittelpunkt des Bildkreises abgebildet!
Allerdings werden wir in Kapitel 7 im Rahmen der Mascheronischen Konstruktionen lernen, wie man
aus dem Mittelpunkt des Kreises ziemlich unkonventionell den Mittelpunkt des Bildkreises
konstruieren kann.

Anschauliche Begründung:
Diese Eigenschaft ist z.B. in Abb. 13 gut zu sehen, in der wir z.B. die "Rückspiegelung" von k' ins Innere
von k_s betrachten können: P_3' und P_0' sind gleich weit vom Mittelpunkt des Kreises k' entfernt. Das Bild
von k' ist wiederum k.
Nun ist aber die Strecke [P_3' $M_{(k')}$] weiter von k_s entfernt als [P_0' $M_{(k')}$] , wird also weiter nach innen
gespiegelt und kürzer abgebildet als [P_0' $M_{(k')}$] , d.h. das Bild $M'_{(k)}$ des Mittelpunktes ist von P_0 weniger
weit entfernt als von P_3 , kann also nicht Mittelpunkt des Bildkreises sein! Auch sieht man sofort an
den beiden eingefärbten Halbkreisen von k und deren nicht gleich großen Bildern, dass der
Mittelpunkt $M_{k'}$ des Bildkreises k' (hier als Umkreismittelpunkt dreier Punkte auf k' konstruiert) nicht
das Bild M_k' der Kreismittelpunktes M_k ist.

Rechnerische Begründung :
Sei M_k der nicht auf k_s liegende Mittelpunkt eines Kreises k,
$M_{(k')}$ der Mittelpunkt des Bildkreises und
$M'_{(k)}$ das Bild des Mittelpunktes von k!
M_k ist Mittelpunkt von k, also:

$$\overline{M_k P_3} = \frac{1}{2} \cdot \overline{P_3 P_0} \text{ oder}$$

$$\overline{M_s M_k} - \overline{M_s P_3} = \frac{1}{2} \cdot \left(\overline{M_s P_0} - \overline{M_s P_3} \right)$$

Mit der Abbildungsvorschrift gilt:

$$\overline{M_sM_k} = \frac{r_s^2}{\overline{M_sM_k}'} \qquad \overline{M_sP_3} = \frac{r_s^2}{\overline{M_sP_3}'} \qquad \overline{M_sP_0} = \frac{r_s^2}{\overline{M_sP_0}'}$$

(*Bemerkung:* Weder linke Seite noch der Nenner der ersten Gleichung dürfen dabei Null werden, d.h. k darf nicht konzentrisch zu k_s sein; die Nenner bzw. linken Seiten der zweiten und dritten Gleichung dürfen ebenfalls nicht Null werden, d.h. der Kreis darf nicht durch M_s gehen, da die Abbildung dort nicht definiert ist und das Bild des "Restkreises" bekanntlich eine Gerade wäre!)

Setzt man diese Ausdrücke in die obere Gleichung ein, so erhält man:

$$\frac{r_s^2}{\overline{M_sM_k}'} - \frac{r_s^2}{\overline{M_sP_3}'} = \frac{1}{2} \cdot \left(\frac{r_s^2}{\overline{M_sP_0}'} - \frac{r_s^2}{\overline{M_sP_3}'} \right)$$

Division durch r_s^2 und Hauptnennerbildung führen zu

$$\frac{\overline{M_sP_3}' - \overline{M_sM_k}'}{\overline{M_sM_k}' \cdot \overline{M_sP_3}'} = \frac{1}{2} \cdot \left(\frac{\overline{M_sP_3}' - \overline{M_sP_0}'}{\overline{M_sP_0}' \cdot \overline{M_sP_3}'} \right)$$

Für die Zähler gilt aber:
$\overline{M_sP_3}' - \overline{M_sM_k}' = \overline{P_3'M_k'}$ und
$\overline{M_sP_3}' - \overline{M_sP_0}' = \overline{P_0'P_3'}$, damit ist

$$\frac{\overline{P_3'M_k'}}{\overline{M_sM_k}' \cdot \overline{M_sP_3}'} = \frac{1}{2} \cdot \left(\frac{\overline{P_0'P_3'}}{\overline{M_sP_0}' \cdot \overline{M_sP_3}'} \right)$$

Wäre nun M'$_k$ Mittelpunkt des Bildkreises, also M'$_k$=M$_{(k')}$, dann wäre $\overline{P_3'M_k'} = \frac{1}{2} \cdot \overline{P_0'P_3'}$,

die Zähler wären also gleich;
dann müßten aber auch die Nenner gleich sein, d.h. es müßte gelten:
$\overline{M_sM_k}' = \overline{M_sP_0}'$
Es gilt aber stets $\overline{M_sM_k}' > \overline{M_sP_0}'$ (vgl. Abb.13), also ist das Bild des Mittelpunktes nie der Mittelpunkt des Bildkreises (falls wiegesagt k nicht konzentrisch oder orthogonal zu k_s ist)!

1.3. Zwei schöne Aufgaben als „Aperitif":

1) Konstruktion des Umkreises dreier kopunktaler Kreise

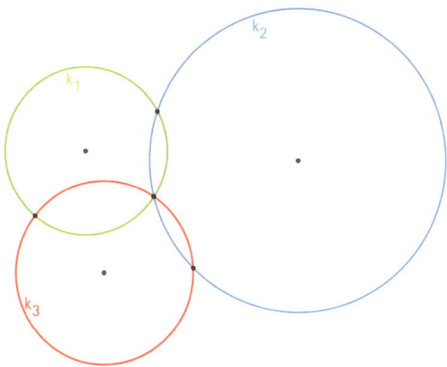

(Abb.14a)

Konstruktionsbeschreibung:
- Gegeben: k_1, k_2, k_3
- Wähle M_s als Schnittpunkt von k_1, k_2 und k_3 !
- Zeichne $k_s(M_s; r_s)$ (mit beliebigem Radius r_s)!
- Spiegle k_1, k_2 und k_3 an k_s!
- Die Bilder k_1', k_2' und k_3' sind Geraden, die ein Dreieck ABC bilden.
- Konstruiere den <u>Inkreis</u> des Dreiecks ABC (dieser berührt alle drei Seiten)!
- Spiegle diesen Inkreis an k_s, dann berührt sein Bild alle drei Kreise k_1, k_2 und k_3!
  Hinweise: Die drei <u>Ankreise</u> an das Dreieck ABC liefern drei weitere
  Berührkreise der gegebenen, diese liegen aber jeweils innerhalb eines
  der Kreise k_1, k_2 und k_3!
  Die Konstruktion als Bildergeschichte:

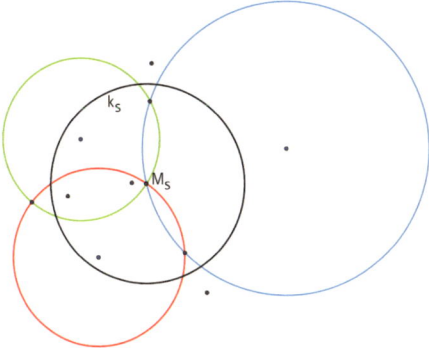

(Abb.14b)

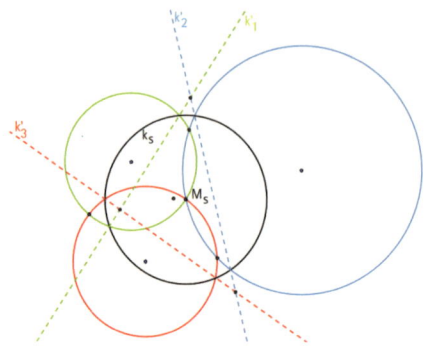
(Abb.14c)

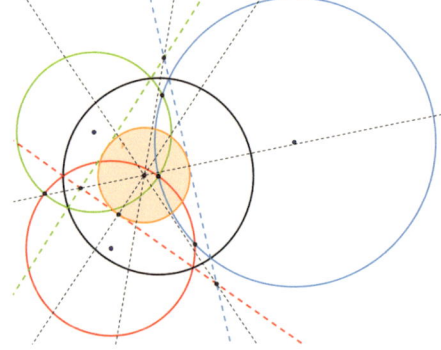
(Abb.14d)

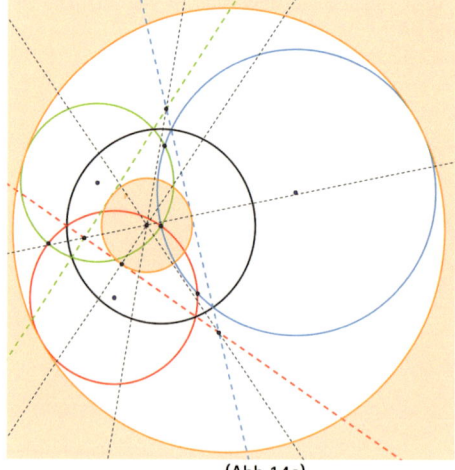
(Abb.14e)

Die Lösbarkeit des analogen Problems bei vier (bzw. mehr) kopunktalen
Kreisen läßt sich so mit der Tangentenvierecks-(bzw. Tangentenvielecks-)
Eigenschaft der Bildgeraden entscheiden.
Bei dieser Aufgabe handelt es sich übrigens um einen speziellen Fall des Jahrtausende
alten „Apollonischen Berührproblems" (Apollonios von Perge, ca. 260 - 190 v. Chr.,
griechischer Mathematiker), bei dem grundsätzlich drei Kreise vorgegeben sind und
gemeinsame Berührkreise gefunden werden sollen. Der allgemeine Fall liefert acht
solche Lösungskreise (ein Umkreis aller drei Kreise - hier orange -, also alle liegen
innerhalb, oder alle liegen außerhalb - hier nicht möglich -, dreimal liegt je einer inner-
und zwei außerhalb - hier die pastellig gefärbten-, und dreimal ist es umgekehrt -
hier nicht möglich). Wählt man oben statt des *Inkreises* des gestrichelten Dreiecks einen
der drei **Ankreise**, so ergibt sich jeweils ein weiterer Lösungskreis, der dann eben einen
der drei Ausgangskreise von innen, die anderen beiden von außen berührt:

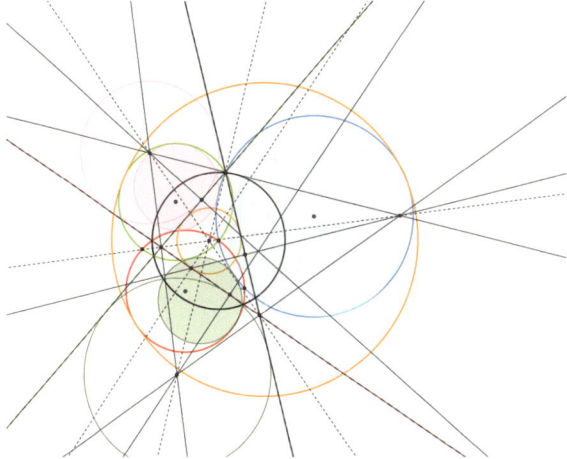

(Abb.14f)
Ist man bei der Zuordnung des Begriffes „*Kreis*e" großzügig und lässt auch beliebig kleine
Radien (das sind dann drei *Punkte* mit dem bekannten Umkreis als Lösung) bzw. beliebig
große Radien zu (das sind dann drei *Geraden* mit dem Dreiecks-Inkreis als Lösung), dann
ist die Lösung eindeutig. Eine weitere Vertiefung in das reizvolle Thema der Apollonius-
Berührprobleme (andere gegenseitige Lage, weitere „Exoten" Punkt-Kreis-Gerade, Kreis-
Kreis-Gerade, Kreis-Kreis-Punkt, Punkt-Punkt-Kreis, Punkt-Punkt-Gerade, Gerade-
Gerade-Punkt, Gerade-Gerade-Kreis) soll hier nicht vorgenommen werden, um den Fokus
einzig auf die sagenhafte „Kraft" der Inversion am Kreis zu richten, zunächst mit einer
weiteren, netten Berühraufgabe.

2) Einem Kreis k soll eine n-elementige, geschlossene Kette von sich nachbarweise berührenden Berührkreisen an k einbeschrieben werden (hier: n=6)!

<u>Lösung:</u>
Wähle zunächst den ersten Kreis k_1 beliebig und nimm den Berührpunkt an k als Spiegelkreismittelpunkt M_s!
Zeichne einen beliebigen Spiegelkreis k_s um M_s!
Spiegle k und k_1 an k_s auf k' und k_1'(ein Parallelenpaar)!
Setze zunächst einen beliebigen Kreis k_2' dazwischen, der beide Geraden k_1' <u>und</u> k' berührt!
Setze nun k_3', der k_2' <u>und</u> k' berührt!
Setze nun k_4', der k_3' <u>und</u> k' berührt! ...
...Setze schließlich k_n', der k_{n-1}' <u>und</u> k' berührt!
Spiegle k_2', k_3',..., k_n' an k_s, dann liegt die Kreiskette wie gewünscht in k!

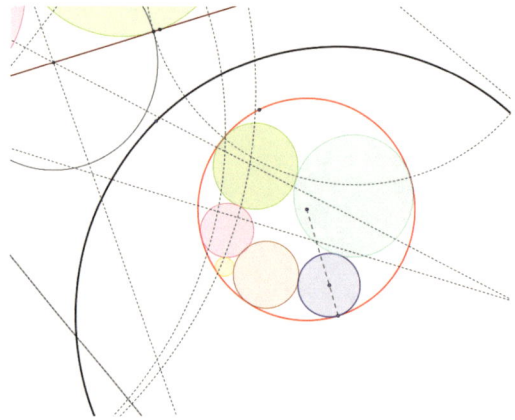

(Abb. 15a – die Sechserkette im roten Kreis!)

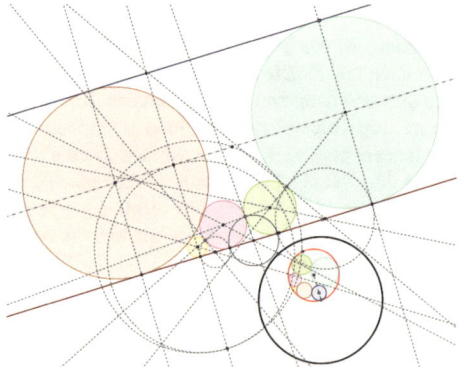

(Abb. 15b – die Sechserkette entsteht eigentlich zwischen roter und blauer Gerade und wird dann am schwarzen Spiegelkreis invertiert!)

Ergänzende Hinweise zum konstruktiven "Anschmiegen" eines Kreises k_2 an einen Kreis k_1 und eine Gerade g:
a) Idee:

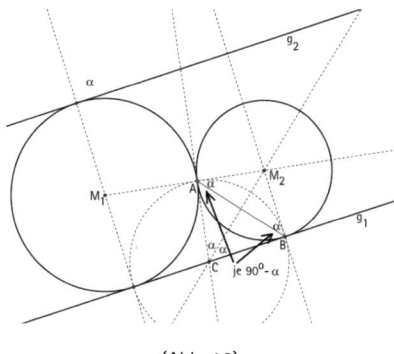

(Abb. 16)

Der Berührpunkt A der beiden Kreise liegt auf M_1M_2;
das Dreieck ABM_2 ist gleichschenklig mit Spitze M_2,
d.h. die Basiswinkel $\angle(M_2AB) = $ $= \angle(ABM_2)$ sind gleich groß;
dann ist der Winkel $\angle(BAC) = 90° - = \angle(ABC)$;
nach dem Innenwinkelsummensatz ist dann der Winkel $\angle(ABC) = 2\alpha$!

b) Konstruktionsverfahren:
Wähle A auf k_1! (Dann liegt M_2 irgendwo auf $[M_1A$!)
Fälle das Lot l auf $[M_1A$ durch A, der Schnittpunkt mit g sei C (dort erhält man 2)!
In Abb.15 erkennt man: Die Winkelhalbierende von 2 schneidet dann $[M_1A$ in M_2 !

c) Lösung des "Schlussproblems" (der letzte Kreis k_n der Kette muss k, k_1 und k_{n-1} berühren!):

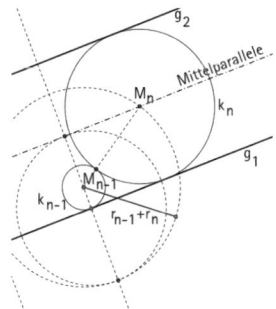

(Abb.17)

M_n liegt auf $k(M_{n-1}; r_{n-1} + r_n)$ und auf der Mittelparallelen zu g_1 und g_2, das liefert M_n wie gewünscht!

1.4. Winkeltreue der Kreisspiegelung

Mittlerweile haben wir uns damit abgefunden, dass die Kreisspiegelung weder längen- noch flächentreu abbildet. Um so verwunderlicher ist dann aber ihre (als letzte Überraschung angesprochene) Winkeltreue.
Sie lässt sich wie folgt begründen:
Als Schnittwinkel kennen wir nur den zwischen Geraden, bei sich schneidenden krummen Linien (beispielsweise Kreise!) verwenden wir den Schnittwinkel der Tangenten.
Betrachten wir nun zwei Kreise k_1 und k_2, die zwei Schnittpunkte M und P haben. Die dorthin führenden (und gegenseitig parallel verlaufenden!) Kreisradien treffen sich unter einem Winkel a, die darauf senkrecht stehenden Tangenten t_1 und t_2 (in P) unter einem Winkel 180°-a . Wird nun ein Inversionskreis um M festgelegt, dann verlaufen die beiden Kreise durch den Mittelpunkt, ihre Bilder sind folglich Geraden k'_1 und k'_2 mit dem Schnittpunkt P'. Ihr Schnittwinkel ist b.
Invertiert man nun auch die Tangenten t_1 und t_2 am Spiegelkreis, so entstehen als Bilder t'_1 und t'_2 Kreise durch M und P'. Sie überlappen sich in Form einer „Mandel", anderen Spitzen die gleichen Winkel auftreten (k'_1 und k'_2 sind jetzt Tangenten an dieser Mandel!), nämlich b = 180°-a.

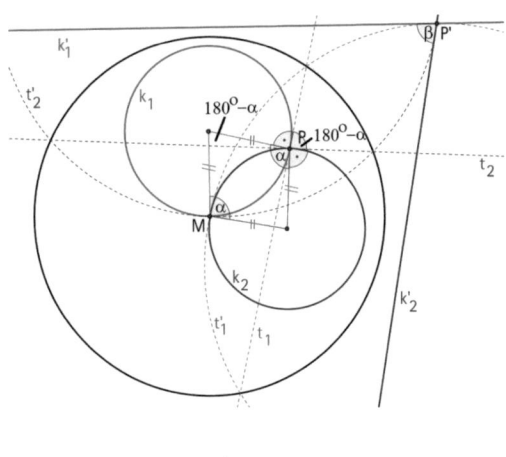

(Abb.18)

Tangenten an beliebigen Kurven, die sich unter einem bestimmten Winkel schneiden, werden also auf Berührkreise an den zugehörigen Bildkurven im Bildpunkt des Schnittpunktes abgebildet, die sich unter dem gleichen Winkel schneiden (wie ihre Kreistangenten auch). Der Drehsinn ist dennoch umgekehrt.
Damit ist gezeigt:

> *Die Kreisspiegelung ist winkeltreu.*

Aus der Winkeltreue folgt auch, dass das Bild des Koordinatengitters aus Kreisen bestehen muss, die sich im gleichen (also rechten) Winkel schneiden.

1.5. Die Kreisspiegelung als lokale, gegensinnige Ähnlichkeitsabbildung

Aus der Winkeltreue der Kreisspiegelung folgt weiterhin, dass die Kreisspiegelung in einem hinreichend klein zu wählenden Bereich jeden gewünschten Grad an Ähnlichkeit erreichen kann zwischen Bild und Urbild. Erinnern wir uns an den "WWW"-Satz als Ähnlichkeitssatz für zwei Dreiecke (d.h. zwei Dreiecke sind ähnlich, wenn sie in den drei Winkeln übereinstimmen), so ist klar, dass wegen der Winkeltreue die Bildlinien eines Dreiecks die gleichen Schnittwinkel haben. Allerdings handelt es sich hier in aller Regel um Kreislinien, die sich aber in kleinen Bereichen von einer Geraden beliebig wenig unterscheiden. Aus dieser Tatsache und der Winkeltreue folgt somit die *lokale Ähnlichkeit*, die Gegensinnigkeit ergibt sich direkt aus der Abbildungsvorschrift.
An dieser Stelle bieten sich einige Übungen als kleine, optionale Zwischenmahlzeit an.

Aufgaben:

1) Beweise folgenden Satz:

Berühren sich zwei Kreise k_1 und k_2 in einem Punkt B und schneidet ein weiterer Kreis k_s die beiden anderen in B und je einem weiteren Punkt, so sind die Schnittwinkel zwischen k_s und den beiden anderen Kreisen gleich.
(Hinweis: Z-Winkel!)

2) Sei k(M,r) ein Kreis, der nicht durch den Spiegelkreismittelpunkt M_s geht.
 a) Unter welcher(n) Bedingung(en) wird das Kreisinnere k_i auf das Bildkreisäußere k_a'
 bzw. auf das Bildkreisinnere k_i' abgebildet?
 b) Das Bild M' von M ist i.a. nicht der Mittelpunkt des Bildkreises k'.
 Unter welcher Voraussetzung liegt M' außerhalb bzw. innerhalb von k'? Wann ist M' Mittelpunkt von k'?

3) Gegeben sind zwei Orthogonalkreise k_1 und k_2 sowie ein Punkt A, der nacheinander an beiden Kreisen nach A'' gespiegelt werden soll.
 α sei der Winkel, unter dem M_1 und M_2 von A aus erscheinen
 Unter welchem Winkel erscheinen M_1 und M_2 von A'' aus? (mgl. Hinweis: Faßkreis!)

4) Beweise:

Sind ein Punkt P sowie ein Dreieck ABC gegeben und l_a, l_b sowie l_c die Lote in P auf die Verbindungsgeraden PA,PB bzw. PC, dann liegen die Schnittpunkte von l_a, l_b und l_c mit den Dreiecksseiten (bzw. deren Verlängerungen) auf einer Geraden!

1.6. Zusammenfassung der bisher entdeckten Eigenschaften der Kreisspiegelung

Die Kreisspiegelung an $k_s(M_s, r_s)$
- „vertauscht" Kreisinneres (ohne M_s) und Kreisäußeres von k_s, (also einen endlichen und einen unendlichen Flächeninhalt!)
- ist weder längen- noch flächentreu,
- bildet zu k_s konzentrische Kreise auf konzentrische Kreise ab,
- bildet Passanten auf Kreise durch M_s innerhalb k_s ab,
- bildet Tangenten auf Berührkreise durch M_s ab,
- bildet Sekanten(die nicht durch M_s gehen) auf Kreise durch $M_s$ab, die die Sekanten auf k_s schneiden
- bildet Kreise, die nicht durch M_s gehen, auf Kreise ab, die auch nicht durch M_s gehen (falls die Kreise k_s schneiden, so auch ihre Bildkreise an gleicher Stelle),
- bildet Geraden durch M_s auf sich selbst ab,
- besitzt als einzige *Fixpunkt*menge k_s,
- besitzt als *Fix*mengen u.a. die (in M_s "gelochten") Geraden durch M_s und die Orthogonalkreise zu k_s,
- ist winkeltreu und damit eine
- lokale, gegensinnige Ähnlichkeitsabbildung !
- bewahrt Inzidenzen (d.h. berühren oder schneiden sich zwei Objekte, dann auch deren Bilder)

2. Beispiele für Spiegelei-Spielerei

Nachdem die Inversion am Kreis mittlerweile schon eine wenigstens neue Bekannte geworden ist, sollen zunächst einige Beispiele von Spiegelbildern in Koordinatennetzen die Vertrautheit fördern und gleichzeitig darauf hinweisen, dass uns solche oder ähnliche Abbildungen im Alltag durchaus begegnen. Diesen Bildern folgt (einfach aus ästhetischen Gründen) die am Einheitskreis gespiegelte Mandelbrotmenge.

2.1. Beispiele in gespiegelten Koordinatennetzen
(Man denke sich bei den folgenden Bildchen z.B. eine Christbaumkugel oder einen Autorückspiegel)
Ein rechtwinkliges Dreieck (man beachte auch den Drehsinn!)...

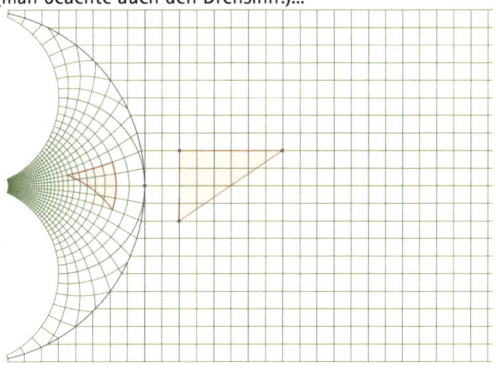

(Abb.19)

...ein Herr mit Knollennase bewundert sich in einer Christbaumkugel...

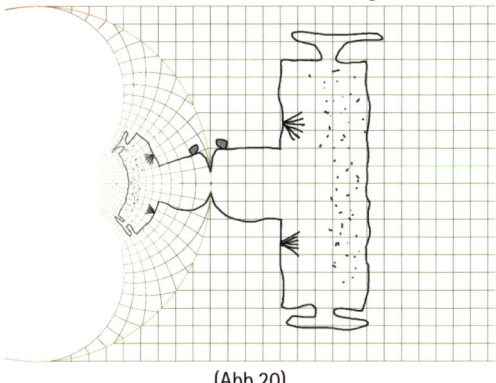

(Abb.20)

...ein Einfamilienhäuschen...

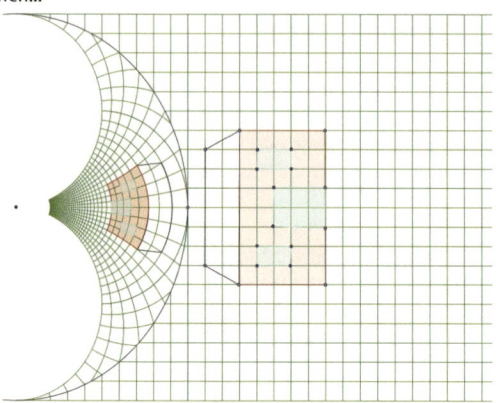

(Abb.21a)

...ein Stau im Rückspiegel...

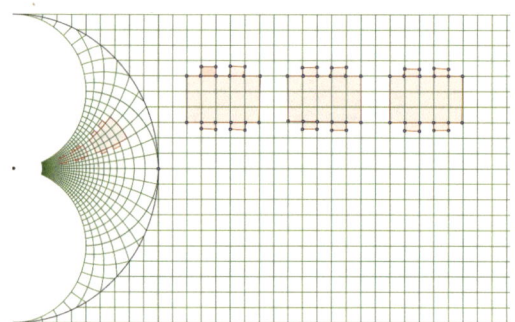

(Abb.21b)

Smilie mit dem blauen Auge möchte rein bzw. raus:

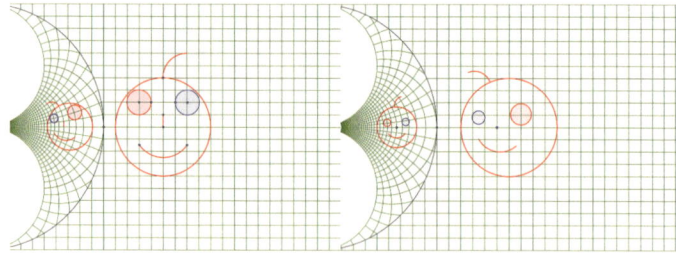

(Abb. 22a & b)

...und für eigene Ideen:
(Die Bilddatei mit dem Karogitter außerhalb sowie dessen Bild innerhalb des Inversionskreises (hier r=1) wurde mit Geogebra erstellt, dabei wurden folgende Befehle für die Muster außerhalb eingegeben (sowie der Einheitskreis um den Ursprung):
Folge[Kurve[(a), (b), a, sqrt(1-b^2),5], b, -1, 1, 0.1]

Folge[Kurve[(b), (a), a, sqrt(1-b^2),1], b, 0, 1, 0.1]

Folge[Kurve[(b), (a), a, -1,-sqrt(1-b^2)], b, 0, 1, 0.1]

Folge[Kurve[(b), (a), a, -1,1], b, 1, 5, 0.1]

Das invertierte Muster liefert Geogebra dann schnell durch Abklicken der daraus entstehenden „Liste" als Objekt (aller enthaltenen Linien auf einmal!) und des Spiegelkreises.

Der letzte Eintrag „0,1" steht für die Schrittweite, Verkleinern liefert ein feineres Gitter.

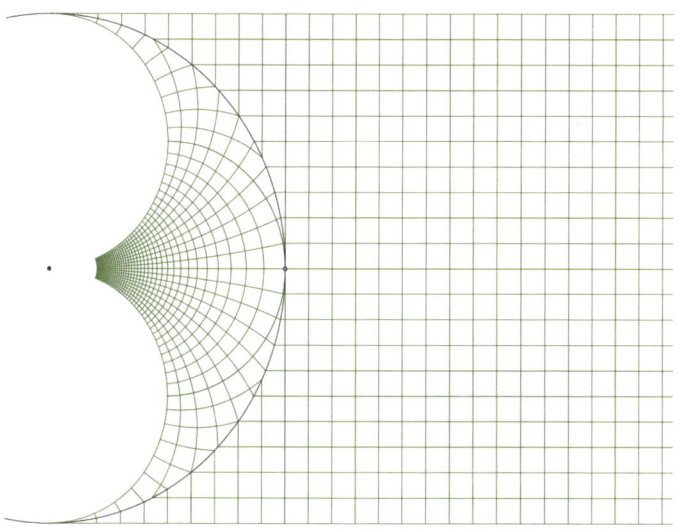

(Abb.23)

2.2. Mandelbrotmenge und ihr Spiegelbild am Einheitskreis

Die Mandelbrotmenge ist mittlerweile, zumindest was ihr Erscheinungsbild betrifft, einer breiten Öffentlichkeit bekannt, so dass es mir aus rein ästhetischen Gründen sinnvoll erscheint, den Computer mit der Spiegelung des "Apfelmännchens" am Einheitskreis zu beauftragen und das Ergebnis hier anzufügen.

Diese Punktmenge wurde 1979/80 von dem französischen Mathematiker Benoit Mandelbrot (geb. 1924 in Polen) entdeckt, und damit war die bereits wesentlich früher im Keim existierende, aber (wohl mangels Computern) noch nicht weiter gereifte fraktale Geometrie aus ihrem Dornröschenschlaf wachgeküßt.

2.2.1. Die Mandelbrotmenge in voller Pracht:

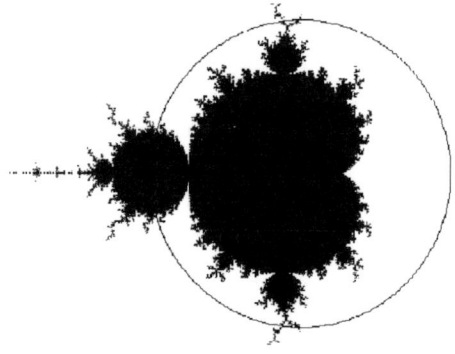

(Abb.24)

2.2.2. Das Spiegelbild der Mandelbrotmenge am Einheitskreis:

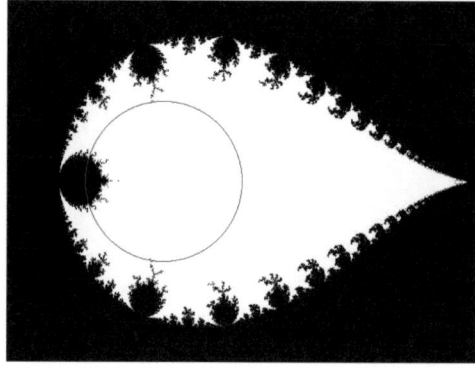

(Abb.25)

2.2.3. Die Mandelbrotmenge mit Höhenlinien in der Umgebung (inklusive Einheitskreis):

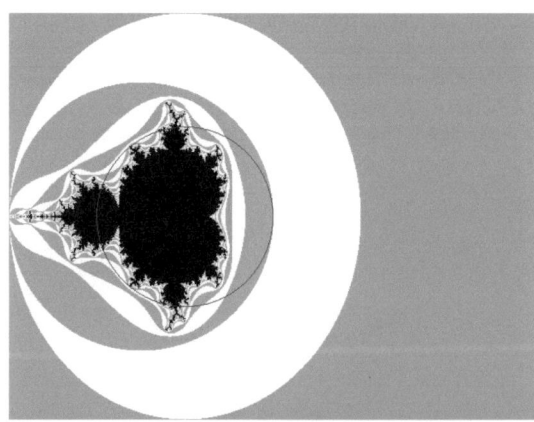

(Abb.26)

2.2.3. Die Mandelbrotmenge (samt Höhenlinien) am Einheitskreis gespiegelt:

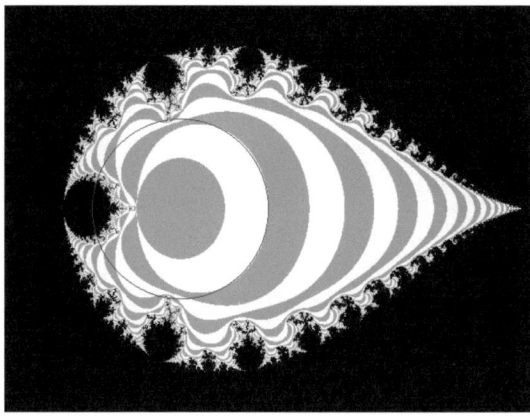

(Abb.27)

2.2.4. Schließlich noch eine Juliamenge (die zu c=-0,74543+i*0.11301):

(der franz. Mathematiker Gaston Julia, 1893-1978, kannte diese nach ihm benannten Mengen bereits 1918, wußte aber vermutlich noch nicht, wie wunderschön sie aussehen können! Erst Benoit Mandelbrot entdeckte sie dann Ende der Neunzehnhundertsiebziger Jahre wieder, sie sind wie Mandelbrotmengen selbstähnliche Gebilde, an denen sich Eigenschaften im Großen auch wieder im Kleinen finden lassen Fraktale nennt man solche Objekte. Das o.g. c ist eine sog. komplexe Zahl, deren Kenntnis aber hier nicht von Bedeutung ist – es geht einfach nur um die Ästhetik des Bildes!)

(Abb.28)

2.2.5. Die am Einheitskreis gespiegelte Juliamenge (zu c=-0,74543+i*0.11301):

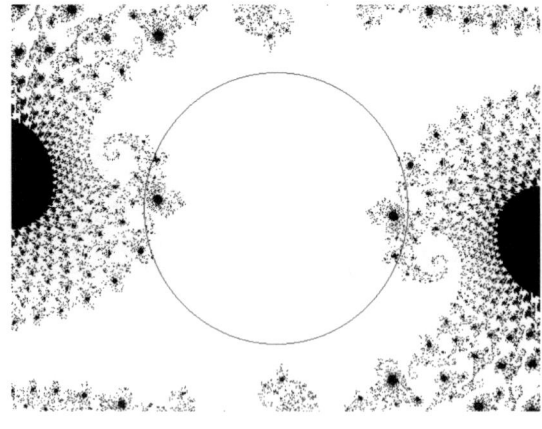

(Abb.29)

2.3 Ein Text und sein Spiegelbild

(Abb.30)

2.4 Felix „neben der Christbaumkugel"

(Abb.31)

Bei diesem Bild habe ich ein Foto unseres sieben Monate alten Sohnes Felix eingescannt und mit dem kleinen Delphi-Programm, das auch andere Abbildungen invertiert hat, am Halbkreis links gespiegelt. Etwas später sitzt Felix im Kinderwagen:

(Abb. 32)

Teilweise nach links invertiert erkennt man den Knollennasen- bzw. Pausbackeneffekt:

(Abb. 33)

Nun wird das Ganze nochmal nach links unten invertiert..

(Abb. 34)

...und schließlich noch nach rechts unten!

(Abb. 35)

2.5   Der Vorplatz unserer Schule im Spiegel des Kreises:

(Abb. 36a)

(Abb. 36b)

Sehr schön erkennt man hier auch an Säulen und Trägern, das gerade Linien meist auf Kreise abgebildet werden.

(Abb. 36c)

2.5 Blick ins Bücherregal

(Abb. 37a)

(Abb. 37b)

(Abb 37c)

3. Die Kreisspiegelung-eine alte Bekannte!

Schien uns die hier vorgestellte Abbildung zunächst völlig fremd, so können wir in diesem Abschnitt doch feststellen, dass wir eine „kleine Schwester", eine „abgespeckte" Version der Kreisspieglung schon lange kennen!

Die bisher fast ausschließlich geometrisch behandelte Inversion am Kreis soll in diesem Kapitel auch als Funktion erforscht werden. Da wir noch keine Funktionen kennen, die die ganze Zeichenebene auf sich selbst abbilden, sondern bisher nur solche, die eine Gerade (die x-Achse) auf eine Gerade abbilden (y-Achse), wollen wir zunächst das Problem etwas vereinfachen:

Eine Gerade durch M_s (die x-Achse) wird am Kreis (z.B. $r_s=2$) gespiegelt. Dabei wird sie bekanntlich auf sich abgebildet, wenngleich nicht punktweise.

Betrachten wir die Bilder gleichgroßer Intervalle zunächst außerhalb von k_s:

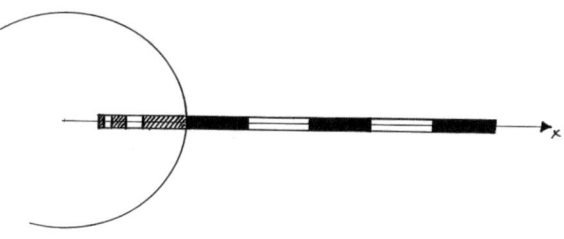

(Abb.39)

Um die übliche, übersichtliche Darstellung im kartesischen Koordinatensystem zu erhalten, drehen wir das Bild der x-Achse um 90 ° gegen den Uhrzeigersinn und nennen es y-Achse:

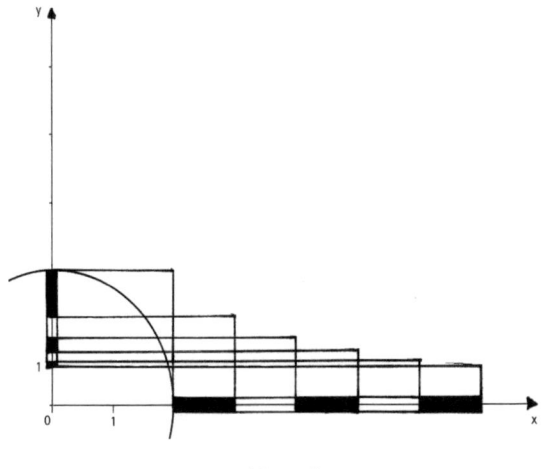

(Abb.40)

Die Spiegelung am Kreis

Für die Abstände x und y der Intervallgrenzen von (0/0) gilt (weil Kreisspiegelung!) $y \cdot x = r_s^2$, also $y = \dfrac{r_s^2}{x}$. Dies ist die Funktionsgleichung einer Hyperbel $y = \dfrac{a}{x}$ für positives reelles a (hier a=2²=4) . Man erkennt das auch sofort, wenn man den Intervallgrenzen x und y=f(x) wie üblich die Punkte (x/y) zuordnet und einzeichnet:

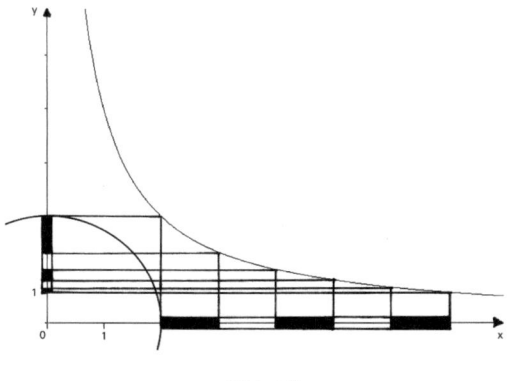

(Abb.41)

Diese reelle Funktion zeigt auch die bekannte Eigenschaft der Kreisspiegelung, gleichgroße Intervalle außerhalb k_s auf nach „innen immer kleinere" Bildintervalle abzubilden und entsprechend umgekehrt gleichgroße Intervalle innerhalb k_s auf „nach außen größer werdende" Bildintervalle abzubilden (dabei ist ja doch bemerkenswert, dass der unendlich lange Teil der x-Achse außerhalb des Spiegelkreises auf einen endlich langen Teil innerhalb abgebildet wird und umgekehrt, und zwar trotzdem jeweils eindeutig!):

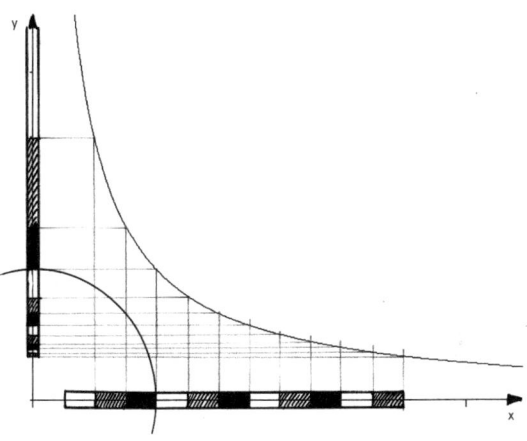

(Abb. 42)

Die Funktion $y = \dfrac{a}{x}$ (mit a>0) ist also der einfache Sonderfall der Kreisspiegelung als Abbildung von der reellen Zahlengeraden (durch M_s namens x-Achse) nach R (eigentlich wieder auf sich selbst, zur Darstellung aber um 90 Grad gedreht als y-Achse).

Wie kommt man nun auf die Funktion, die die ganze Zeichenebene auf sich abbildet?

Hierzu eine Vorbemerkung:

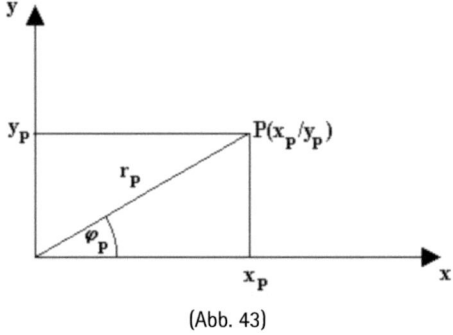

(Abb. 43)

Die Lage von P(x/y) kann statt wie hier durch die kartesischen Koordinaten x und y auch durch sog. Polarkoordinaten eindeutig beschrieben werden:

Dabei wird zunächst der Abstand r_p vom Ursprung (0/0) angegeben und zusätzlich der Winkel φ_p des Vektors $\overrightarrow{OP}$ gegen die x-Achse:

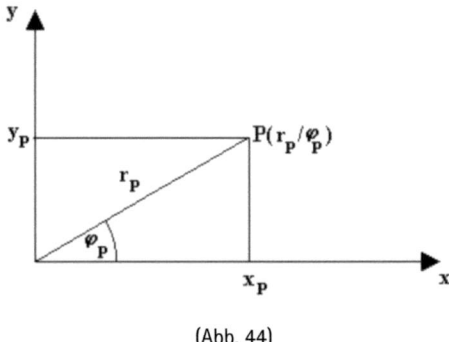

(Abb. 44)

Die Umrechnung zwischen kartesischen und Polarkoordinaten benötigen wir hier überhaupt nicht, zumindest was den Winkel betrifft.

Für r gilt natürlich nach Pythagoras $r_p^2 = x_p^2 + y_p^2$, d.h. r_p ist gleich berechenbar.

Bislang haben wir *nur Punkte der x-Achse* am Kreis gespiegelt. Nun gehen wir einen Schritt weiter: Ein Punkt P abseits der x-Achse soll am Kreis gespiegelt werden:

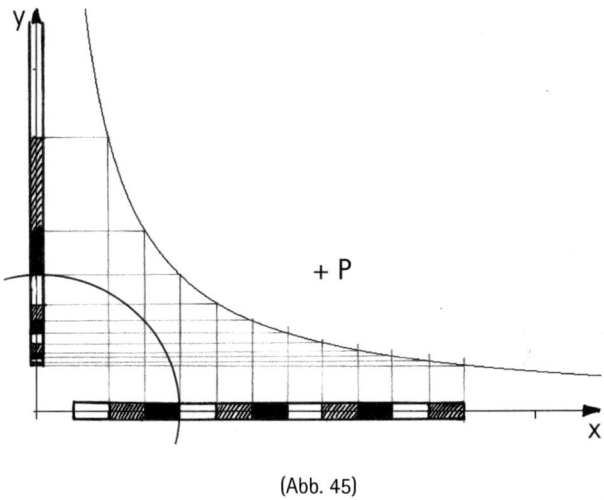

(Abb. 45)

Dazu drehen wir das Koordinatensystem samt Hyperbel so lange um (0/0), bis P auf der gedrehten x-Achse (wir nennen sie x'-Achse sowie die gedrehte y-Achse entsprechend y'-Achse) liegt:

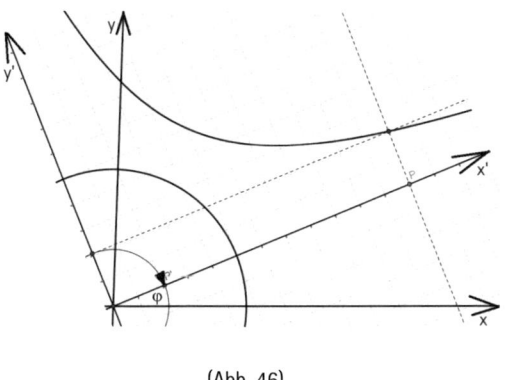

(Abb. 46)

Jetzt können wir P spiegeln, indem wir zur x'-Koordinate die y'-Koordinate bestimmen. Der Bildpunkt P' ist jetzt nur noch (wie die gesamte y'-Achse gegen die x'-Achse) um 90 ° im Gegenuhrzeigersinn um (0/0) gedreht, d.h. durch Drehung um 90 ° im Uhrzeigersinn erhält man P'. Der Drehwinkel φ ist dabei eindeutig, und damit ist eine Funktion gefunden, die genau unsere Kreisspiegelung liefert. Die Hyperbelfunktion ist also die „kleine (eigentlich eindimensionale) Schwester" der Inversion am Kreis.

Noch eine Gedankenspielerei: Wie erhält man mit der Hyperbel und dieser Technik punktweise das Bild einer Geraden?

Man drehe das Koordinatensystem (samt Hyperbel) schrittweise um 180 ° und betrachte jeweils den Schnittpunkt der Geraden mit der x-Achse.

Der zugehörige y-Wert wird dadurch gewonnen, dass man erst parallel zur y-Achse zur Hyperbel wandert und von dort (parallel zur x-Achse) zur y-Achse.

Dieser y-Wert wird jeweils markiert- und siehe da: alle markierten Punkte liegen auf einem Kreis durch (0/0)!

In diesem Abschnitt wurde also die Hyperbelfunktion als kleine Schwester der Inversion enttarnt und auf geometrischem Weg bereits der Übergang von der Funktion mit einer reellen Variablen zur Kreisspiegelung als Funktion zweier reeller Variablen (der Koordinaten!) geschaffen. Wie der Schritt auf algebraischem Wege vollzogen werden kann, das sehen wir im nächsten Kapitel. Später lernen wir dann noch den Rest der Geschwister kennen, nämlich die große Schwester der Inversion am Kreis, die (dreidimensionale) Kugelspiegelung.

4. Die Funktionsgleichung der Kreisspiegelung

Wir wollen uns jetzt noch mit dem Problem beschäftigen, die geometrische Abbildung namens Kreisspiegelung durch eine Funktionsgleichung algebraisch zu beschreiben, und zwar in kartesischen Koordinaten. Dabei muss jedem Punkt P(x/y) ein Punkt P'(x'/y') zugeordnet werden, es handelt sich also um eine Funktion mit ZWEI unabhängigen, reellen Variablen x und y sowie ZWEI abhängigen, reellen Variablen x' und y'.

BISHER (mit EINER reellen Variablen namens x) konnte man jede Funktion in der Ebene darstellen, indem man (durch den Graphen) jedem x-Wert einen reellen y-Wert (auf der dazu senkrechten y-Achse) zuordnet. Dabei ist x die unabhängige und y die abhängige Variable, der „Funktionswert".

JETZT werden ZWEI unabhängigen, reellen Variablen x und y durch einen beliebigen Punkt (x/y) der gesamten Zeichenebene vorgegeben, denen wiederum ZWEI Funktionswerte (x'/y') zugeordnet werden. Zur Darstellung von ZWEI reellen Variablen benötigt man aber schon die ganze Ebene, für die Funktionswert- Variablen x' und y' nochmal eine ganze Ebene, d.h. mit einem Koordinatensystem und einem Graphen ist es nicht mehr getan. Aber dazu später noch Näheres!

Zur Herleitung der Funktionsgleichung müssen wir nur die Schritte aus dem letzten Abschnitt algebraisch nachvollziehen:

(in Polarkoordinaten wäre das zwar einfacher, aber hier werden kartesische Koordinaten verwendet, um nicht noch mehr „Neues" an Werkzeug zu benötigen. Der Umgang mit Polarkoordinaten ist ja leider Schülern meist nicht sehr geläufig)

Gegeben sei also ein Punkt P(x/y) ≠ (0/0).

Zunächst wird das Koordinatensystem „ (../..) " (gekennzeichnet durch <u>runde</u> Klammern) so weit um (0/0) gedreht, dass P im Hilfs- Koordinatensystem „[../..]" (gekennzeichnet durch <u>eckige</u> Klammern) auf der x-Achse liegt.

Dann gilt $P(\sqrt{x^2 + y^2} | 0)$, weil der Abstand $\overline{OP}$ ja gleich bleibt.

Es wird also P(x/y) durch $P[x' | y'] = P[\sqrt{x^2 + y^2} | 0]$ beschrieben. Bei der eigentlichen Kreisspiegelung wird dem Punkt $P[\sqrt{x^2 + y^2} | 0]$ über die (mitgedrehte) Hyperbel der Punkt $P'[0 | \frac{r_s^2}{\sqrt{x^2 + y^2}}]$ zugeordnet.

Rückdrehung von der y'-Achse in die x'-Achse liefert

$P''[\frac{r_s^2}{\sqrt{x^2 + y^2}} | 0]$ und weitere Rückdrehung um -φ ergibt einen Punkt P'' im „(../..)"-Koordinatensystem,der wieder auf [OP liegen muss, d.h. $P''(k \cdot x | k \cdot y)$ mit reellem k>0 (Streckungsfaktor mit Zentrum 0!) , so dass für das Abstandsquadrat des Punktes P'' vom Ursprung gilt:

$$k^2 x^2 + k^2 y^2 = \frac{r_s^4}{x^2 + y^2}$$

$$\Leftrightarrow \quad k^2 (x^2 + y^2) = \frac{r_s^4}{x^2 + y^2}$$

$$\Leftrightarrow \quad k^2(x^2+y^2)^2 = r_s^4$$

$$\Leftrightarrow \quad k^2 = \frac{r_s^4}{(x^2+y^2)^2}$$

$$\Leftrightarrow \quad k = \frac{r_s^2}{(x^2+y^2)}$$

$$\Leftrightarrow \quad P'' \left(\frac{r_s^2 \cdot x}{(x^2+y^2)} \; ; \; \frac{r_s^2 \cdot y}{(x^2+y^2)} \right)$$

Insgesamt wird also P(x/y) auf $P'' \left(\frac{r_s^2 \cdot x}{(x^2+y^2)} \; ; \; \frac{r_s^2 \cdot y}{(x^2+y^2)} \right)$ abgebildet, d.h.

$$f(x;y) = \left(\frac{r_s^2 \cdot x}{(x^2+y^2)} \; ; \; \frac{r_s^2 \cdot y}{(x^2+y^2)} \right)$$

Dieses Ergebnis hätte man übrigens auch viel „billiger" und früher bekommen können: Über die Abbildungsvorschrift ist festgelegt:

P'∈[OP, d.h. $\overrightarrow{OP'} = k \cdot \overrightarrow{OP}$ für ein reelles k; außerdem ist

$\overline{OP'} \cdot \overline{OP} = r_s^2$

$\Rightarrow \quad k \cdot \overline{OP} \cdot \overline{OP} = r_s^2$

$\Rightarrow \quad k \cdot \overline{OP}^2 = r_s^2$

$\Rightarrow \quad k = \dfrac{r_s^2}{\overline{OP}^2}$

$\Rightarrow \quad k = \dfrac{r_s^2}{(x^2+y^2)}$

$$f(x;y) = \left(k \cdot x; k \cdot y\right) = \left(\dfrac{r_s^2 \cdot x}{(x^2+y^2)}; \dfrac{r_s^2 \cdot y}{(x^2+y^2)}\right)$$

Diese Herleitung hätte zwar auch gut an den Anfang gepasst, dort sollten aber zuerst einmal die (wunderbaren!) geometrischen Eigenschaften erörtert werden. Wir haben nun mit der Kreisspiegelung eine Funktion kennengelernt, die zwei reellen Variablen (den beiden Koordinaten des Punktes) wieder zwei reelle Werte (die beiden Koordinaten des Bildpunktes) zuordnet und damit die Zeichenebene auf sich selbst abbildet. Wir wollen nun am Beispiel der Kegelschnitte die Bilder von ebenen Kurven nach der Kreisspiegelung untersuchen.

5. Spiegelbilder der Kegelschnitte

Gleich zu Beginn dieses Abschnittes möchte ich alle interessierten Neuntklässler warnen, weil vielen von ihnen für die Kegelschnitte und deren Inversionsbilder das algebraische Know-how noch fehlen wird. Die Lektüre dieses Kapitels (wenigstens manche Bilder sind sehr hübsch!) wird aber dennoch sicher niemandem schaden und ich lade alle Leserinnen und Leser herzlich dazu ein, uns zu begleiten. Im nächsten Kapitel 6 können dann wieder alle voll einsteigen!
Schneidet eine Ebene einen Kegel, so entsteht als Schnittfigur bekanntlich je nach gegenseitiger Lage der beiden entweder eine Gerade, ein Kreis, eine Ellipse, eine Parabel oder eine Hyperbel. Hier wollen wir nun diese Kurven am Einheitskreis spiegeln und die Bildkurven betrachten. Für die Gerade ist das bereits erledigt, ebenso für den Kreis. Bei einem echten Kegelschnitt (d.h. keine Gerade) haben wir es mit einer Kurve zu tun, deren Gleichung sich nicht in der gewohnten Weise nach y auflösen läßt. An irgendeiner Stelle müssen die beiden Seiten einer Gleichung radiziert werden und es wird eine Fallunterscheidung nötig. Um diese zu vermeiden, lässt man das Wurzelziehen bleiben und löst die Gleichung eben nicht nach y auf. Trotzdem beschreibt diese (sog. implizite) Gleichung die Kurve vollständig, es liegen wie gewohnt alle Punkte auf ihr, deren Koordinaten die Gleichung erfüllen. Hinter dieser Problematik steckt die Tatsache, dass es sich nicht um Funktionen, sondern um Relationen handelt. Bei einer Funktion wird einem x-Wert *eindeutig* ein y-Wert zugeordnet, d.h. an *keiner* Stelle der Kurve finden wir zwei Graphenpunkte *übereinander*. Bekanntlich ist das bei den Kegelschnitten in der Regel nicht der Fall. Stattdessen werden einem x-Wert meist *zwei* y-Werte zugeordnet, es liegt nur eine Relation vor. Algebraisch äußert sich das eben dadurch, dass wir nicht eindeutig nach y auflösen können.
Üblicherweise werden die Gleichungen von solchen Kegelschnitten angegeben, die symmetrisch zum Koordinatensystem sind. Ihre Gleichungen lauten dann:

$$\frac{x^2}{a^2} + \frac{y^2}{b^2} = 1 \text{ für die Ellipse mit Halbachsenlängen } a \text{ und } b,$$

$$\frac{x^2}{a^2} - \frac{y^2}{b^2} = 1 \text{ für die Hyperbel und}$$

$$y^2 = 2 \cdot p \cdot x \text{ für die Parabel.}$$

In letzten Abschnitt („Funktionsgleichung der Kreisspiegelung") ergab sich der zweidimensionale Funktionswert

$$f(x;y) = \left(\frac{r_s^2 \cdot x}{\left(x^2 + y^2\right)} \; ; \; \frac{r_s^2 \cdot y}{\left(x^2 + y^2\right)} \right)$$

Insgesamt wird also der Punkt P(x/y) auf den Punkt $P'\left(\frac{r_s^2 \cdot x}{\left(x^2 + y^2\right)} \; ; \; \frac{r_s^2 \cdot y}{\left(x^2 + y^2\right)} \right)$ abgebildet, beide Koordinaten werden wie beschrieben in der Gleichung ersetzt. Wir wollen das jetzt an einem Beispiel vorführen:

Betrachten wir die Parabel mit der Gleichung $y^2 = -2(x - \frac{1}{2})$ und ersetzen x und y in der angegebenen Weise (als Spiegelkreisradius wählen wir $r_s = 1$):

$$\frac{y^2}{(x^2+y^2)^2} = -2 \cdot \frac{x}{(x^2+y^2)} + 1 \ ;$$

$y^2 = -2 \cdot x \cdot (x^2+y^2) + (x^2+y^2)^2$; quadratische Ergänzung liefert

$x^2 + y^2 = x^2 - 2 \cdot x \cdot (x^2+y^2) + (x^2+y^2)^2$;

$x^2 + y^2 = (x^2+y^2-x)^2$;

$0 = (x^2+y^2-x)^2 - (x^2+y^2)$;

dies ist übrigens die Gleichung einer *Pascalschen Schnecke (Limacon, allgemeine Gleichung* $(x^2+y^2-ex)^2 - f^2(x^2+y^2) = 0; \quad e, f > 0$, hier für e=f=1 *)*, die Kurven samt Einheitskreis sehen wir hier:

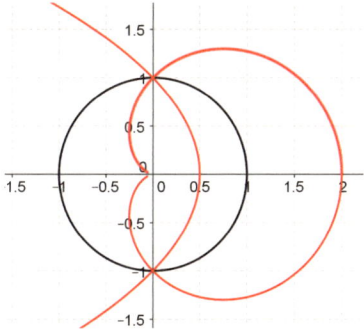

(Abb. 47)

In diesem Fall ist die Pascalsche Schnecke übrigens gerade auch eine *Kardioide (allgemeine Gleichung* $(x^2+y^2-2ex) \cdot (x^2+y^2) - e^2 y^2 = 0; \quad e > 0$ *)* zu e=1, wie man leicht zeigen kann durch den Nachweis der Gültigkeit der Gleichung $\underbrace{\left(x^2+y^2-2x\right) \cdot \left(x^2+y^2\right) - y^2}_{(l.S.\,der\,Kardioidengleichung)} = \underbrace{\left(x^2+y^2-x\right)^2 - \left(x^2+y^2\right)}_{(l.S.\,der\,Pascalschen\,Schneckengl.)}$.

Bemerkenswert ist außer den Schnittpunkten auf dem Spiegelkreis dessen Mittelpunkt, in dem sich die Bilder der beiden „nach Unendlich laufenden" Parabeläste treffen.

Sehen wir uns nun die Hyperbel mit Gleichung $x^2 - y^2 = 1$ und ihr Bild an und beachten den Kreismittelpunkt, in dem die Bilder der vier „davonlaufenden" Hyperbeläste zusammenkommen:

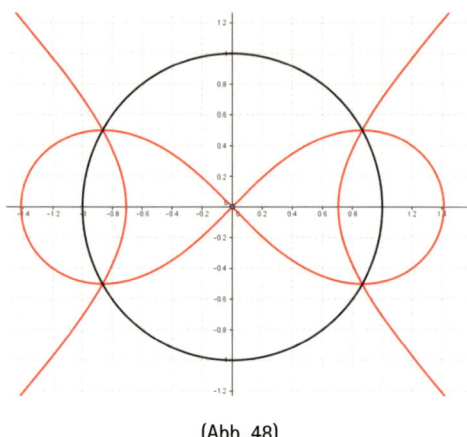

(Abb. 48)

Es handelt sich hierbei um eine sog. *Lemniskate (allg.:* $\left(x^2+y^2\right)^2 - 2e^2 \cdot (x^2-y^2) = 0;\ e>0$ *)* mit der Gleichung $\left(x^2+y^2\right)^2 - 2 \cdot (x^2-y^2) = 0$. Auch in diesem Fall setzen wir zum Erhalten der Bildkurvengleichung lediglich statt *x* jeweils $\dfrac{r_s^2 \cdot x}{\left(x^2+y^2\right)}$ und statt *y* jeweils $\dfrac{r_s^2 \cdot y}{\left(x^2+y^2\right)}$, wobei hier der Spiegelkreisradius wieder r_s=1 ist. Wählt man stattdessen den Spiegelkreisradius r_s=2, dann entsteht die Lemniskate mit der Gleichung $\left(x^2+y^2\right)^2 - 16 \cdot (x^2-y^2) = 0$ und folgender Gestalt:

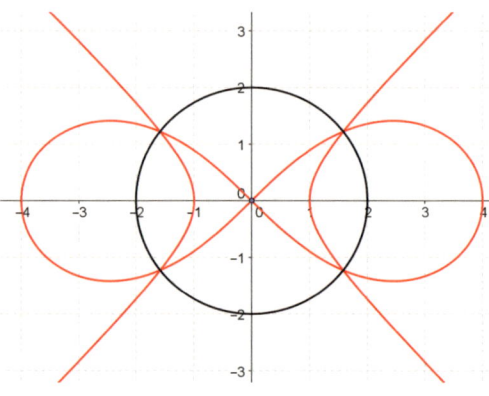

(Abb. 49)

Verschiebt man die Hyperbel um $\frac{1}{2}$ nach oben ($x^2 - (y - \frac{1}{2})^2 = 1$), so erhält man als Bild eine „verzerrte Lemniskate":

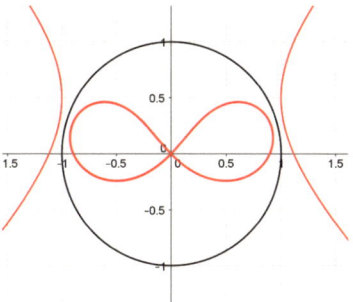

(Abb. 50)

Verschiebt man sie stattdessen um $\sqrt{2}$ nach rechts (Gleichung $(x - \sqrt{2})^2 - y^2 = 1$), so entsteht folgendes Spiegelbild (eine Pascalsche Schnecke mit Gleichung $(x^2 + y^2 - \sqrt{2} \cdot x)^2 - (x^2 + y^2) = 0$):

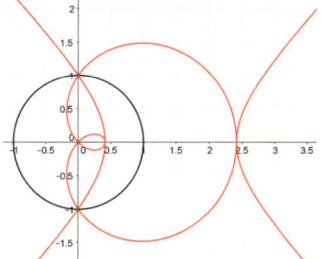

(Abb. 51)

Verschiebung nach oben und nach rechts ergibt eine „verzerrte Pascalsche Schnecke":

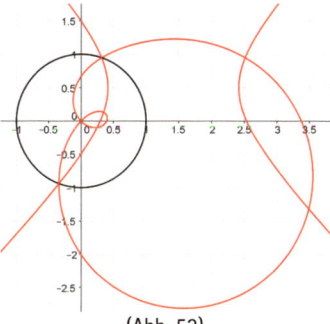

(Abb. 52)

Interessant sind hier wieder die Schnittpunkte der beiden Kurven und ihre Spiegelbilder sowie der Mittelpunkt des Spiegelkreises.

Schließlich noch eine um $\frac{6}{5}$ nach rechts verschobene Hyperbel, deren linker Brennpunkt gerade im Ursprung liegt (Gleichung $\frac{(x-\frac{6}{5})^2}{\frac{16}{25}} - \frac{y^2}{\frac{20}{25}} = 1$) und deren Spiegelbild, eine Pascalsche Schnecke mit Gleichung $(x^2 + y^2 - \frac{3}{2} \cdot x)^2 - (x^2 + y^2) = 0$ (man beachte erneut die beiden Schnittpunkte auf dem Spiegelkreis, die beiden Schnittpunkte von Kurve und Bildkurve im Kreisinneren mit deren Spiegelbildern außerhalb sowie die vier sich im Spiegelkreismittelpunkt treffenden Spiegelbilder der „davonlaufenden Hyperbeläste"):

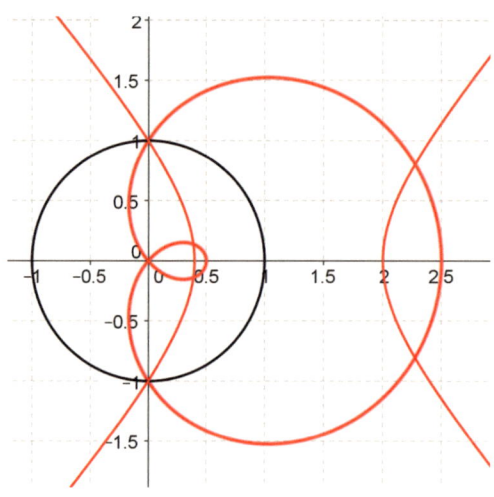

(Abb. 53)

Zu diesem Paar von Kurven hier noch einmal die Herleitung der Bildgleichung:

$\frac{(x-\frac{6}{5})^2}{\frac{16}{25}} - \frac{y^2}{\frac{20}{25}} = 1$;

Die Spiegelung am Kreis

$$\frac{\left(\frac{x}{(x^2+y^2)}-\frac{6}{5}\right)^2}{\frac{16}{25}} - \frac{\left(\frac{y}{(x^2+y^2)}\right)^2}{\frac{20}{25}} = 1 \; ;$$

$$5 \cdot \left(\frac{x}{(x^2+y^2)} - \frac{6}{5}\right)^2 - 4 \cdot \left(\frac{y}{(x^2+y^2)}\right)^2 = \frac{16}{5} \; ;$$

$$5 \cdot \left(\frac{x^2}{(x^2+y^2)^2} - \frac{12}{5} \cdot \frac{x}{(x^2+y^2)} + \frac{36}{25}\right) - 4 \cdot \left(\frac{y^2}{(x^2+y^2)^2}\right) = \frac{16}{5} \; ;$$

$$\frac{5 \cdot x^2}{(x^2+y^2)^2} - 12 \cdot \frac{x}{(x^2+y^2)} + \frac{36}{5} - \frac{4 \cdot y^2}{(x^2+y^2)^2} = \frac{16}{5} \; ;$$

$$5 \cdot x^2 - 12 \cdot x \cdot (x^2+y^2) + \frac{36}{5} \cdot (x^2+y^2)^2 - 4 \cdot y^2 = \frac{16}{5} \cdot (x^2+y^2)^2 \; ;$$

$$5 \cdot x^2 - 12 \cdot x \cdot (x^2+y^2) + 4 \cdot (x^2+y^2)^2 - 4 \cdot y^2 = 0 \; ;$$

$$\frac{5}{4} \cdot x^2 - 3 \cdot x \cdot (x^2+y^2) + (x^2+y^2)^2 - y^2 = 0 \; ; \text{ quadratische Ergänzung:}$$

$$\frac{5}{4} \cdot x^2 - \frac{9}{4} \cdot x^2 + \frac{9}{4} \cdot x^2 - 3 \cdot x \cdot (x^2+y^2) + (x^2+y^2)^2 - y^2 = 0 \; ;$$

$$\frac{9}{4} \cdot x^2 - 3 \cdot x \cdot (x^2+y^2) + (x^2+y^2)^2 - y^2 - x^2 = 0 \; ;$$

$$\left(\frac{3}{2} \cdot x - x^2 + y^2\right)^2 - \left(y^2 + x^2\right) = 0 \; ;$$

$$\left(x^2 + y^2 - \frac{3}{2} \cdot x\right)^2 - \left(x^2 + y^2\right) = 0 \; ;$$

Doch damit vorerst genug zu den Hyperbeln. Die Kurve zu $\dfrac{(x+\frac{4}{3})^2}{\frac{64}{9}} + \dfrac{y^2}{\frac{48}{9}} = 1$ ist eine Ellipse, deren rechter Brennpunkt im Ursprung liegt. Als Spiegelbild erhalten wir nicht etwa eine Ellipse, sondern wieder eine Pascalsche Schnecke, diesmal mit abgeflachter linker Seite und Gleichung

$$(x^2+y^2-\frac{1}{4}\cdot x)^2 - \frac{1}{4}\cdot(x^2+y^2) = 0 :$$

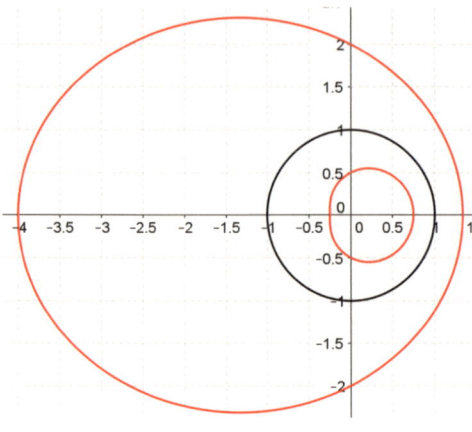

(Abb. 54 – Spiegel-Ei?)

Für alle diejenigen Leser, die der *Polarkoordinaten* kundig sind, sei noch auf die ausgesprochen einfache Darstellung des Spiegelbildes in dieser Weise hingewiesen:
Weil Punkt und Bildpunkt auf der gleichen Halbgeraden vom Ursprung aus liegen, gilt $\varphi' = \varphi$; es ändert sich also nur der Abstand r vom Ursprung, und zwar gilt allgemein (mit Spiegelkreisradius r_s) $r \cdot r' = r_s^2$ oder (speziell mit $r_s = 1$) schließlich $r' = \frac{1}{r}$. Für die Parabel in unserem obigen Beispiel ($y^2 = -2(x - \frac{1}{2})$, Abb.43) ist die Gleichung in Polarkoordinaten $r = \frac{1}{1 + \cos(\varphi)}$, die ihres Spiegelbildes folglich $r = 1 + \cos(\varphi)$. Diese Gleichung beschreibt natürlich genau die gleiche Pascalsche Schnecke wie die in kartesischen Koordinaten angegebene obige Gleichung $0 = (x^2 + y^2 - x)^2 - (x^2 + y^2)$. So liefert die allgemeine Gleichung $r = \frac{ed}{1 + e\cos(\varphi)}$ eine Ellipse mit rechtem Brennpunkt im Ursprung (falls $e < 1$), eine Parabel mit Brennpunkt im Ursprung (falls $e = 1$) oder eine Hyperbel mit linkem Brennpunkt im Ursprung (falls $e > 1$). Das Spiegelbild hat dann stets eine Gleichung der Form $r = \frac{1 + e \cdot \cos(\varphi)}{ed}$ und stellt eine Pascalsche Schnecke dar. Ebenfalls eine recht einfache Gleichung in Polarkoordinaten hat die Hyperbel zu $x^2 - y^2 = 1$, nämlich $r = \frac{1}{\sqrt{\cos(2 \cdot \varphi)}}$ mit Spiegelbildgleichung $r = \sqrt{\cos(2 \cdot \varphi)}$ bzw. $(x^2 + y^2)^2 - 2 \cdot (x^2 - y^2) = 0$ einer Lemniskate. Für die Umrechnung von kartesischen in Polarkoordinaten ist hier das Additionstheorem $\cos(\alpha + \beta) = \cos(\alpha) \cdot \cos(\beta) - \sin(\alpha) \cdot \sin(\beta)$ nötig.
Nach diesem Abschnitt über Bilder bestimmter Kurven unter der Kreisspiegelung werden wir im nächsten Teil noch weitere geometrische Verfahren zur Konstruktion des Bildpunktes untersuchen.

6. Nur eine Frage der Zubereitung: Weitere Verfahren zur Bildpunktkonstruktion

Die ganz am Anfang eingeführte Konstruktion des Bildpunktes ist allgemein verbreitet, allerdings kann es sehr reizvoll sein, auch gelegentlich verschiedene andere Wege zu diesem Ziel zu beschreiten.
Überhaupt handelt es sich bei der Inversion um eine für die „mathematische Allgemeinbildung" erfreulich wertvolle Abbildung. So ist die Vielfalt der möglichen Konstruktionen ein weiteres interessantes und möglicherweise hintergründiges Thema. Hier soll nun eine kleine Auswahl der bekannten Konstruktionen angegeben werden, wählen Sie selbst!
Für Minimalisten: Sollten Sie also mal *nur einen Zirkel* oder *nur ein Lineal* zur Hand haben, aber dennoch Lust auf Inversion verspüren, dann steht dem nichts im Wege. Sehen Sie selbst!
Bei den folgenden Konstruktionen seien übrigens stets der Spiegelkreis $k(M;r)$ und der Punkt P vorgegeben.

Zunächst möchte ich vier Konstruktionen vorstellen, die sich *paralleler Strecken* bedienen:

1. Bildpunktkonstruktion:

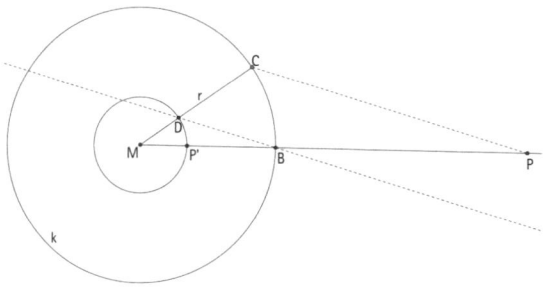

(Abb. 55)

Es sei $\{B\} = k \cap [MP$
Wähle $C \in k, C \notin MP$, zeichne die Gerade CP und den Radius $[MC]$!
D ist der Schnittpunkt von MC und der Parallelen zu CP durch B.
Man erhält P' als Schnittpunkt von $[MP$ und dem Kreis um M mit Radius $\overline{MD}$.

Begründung:
Die Dreiecke $\triangle MBD$ und $\triangle MPC$ sind ähnlich, folglich gilt:
$\dfrac{\overline{MC}}{\overline{MD}} = \dfrac{\overline{MP}}{\overline{MB}}$;

$$\frac{r}{\overline{MP'}} = \frac{\overline{MP}}{r} ;$$

daraus folgt die Gleichung $\overline{MP} \cdot \overline{MP'} = r^2$

2. Bildpunktkonstruktion:

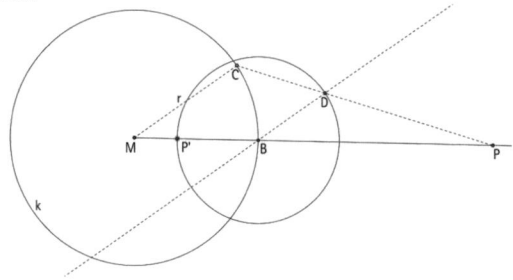

(Abb. 56)

Es sei $\{B\} = k \cap [MP$

Wähle $C \in k, C \notin MP$, zeichne MC und PC und konstruiere die Parallele zu MC durch B, sie schneidet PC in D.

Zeichne nun einen Kreis um B mit Radius $\overline{BD}$, er schneidet [MB] in P'.

Begründung:

Durch den gemeinsamen Winkel bei P und die parallelen Gegenseiten BD und MC sind die Dreiecke $\triangle PCM$ und $\triangle PDB$ ähnlich, es gilt also:

$$\frac{\overline{MP}}{\overline{MC}} = \frac{\overline{BP}}{\overline{BD}} ;$$

$$\frac{\overline{MP}}{r} = \frac{\overline{BP}}{\overline{BP'}} ;$$

$$\frac{\overline{MP}}{r} = \frac{\overline{MP} - r}{r - \overline{MP'}} ;$$

$$\overline{MP} \cdot \left(r - \overline{MP'} \right) = \left(\overline{MP} - r \right) \cdot r ;$$

$\overline{MP} \cdot r - \overline{MP} \cdot \overline{MP'} = \overline{MP} \cdot r - r^2$; auch hier erhalten wir $\overline{MP} \cdot \overline{MP'} = r^2$

3. Bildpunktkonstruktion:

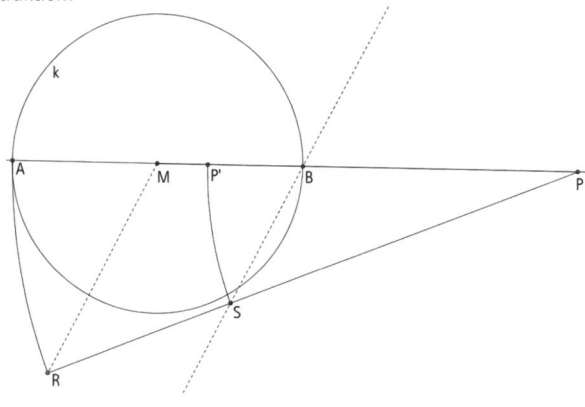

(Abb. 57)

Es seien *A* und *B* die Schnittpunkte des Kreises *k* mit der Geraden *MP*.
Nun sticht man bei *P* mit dem Zirkel ein, zeichnet einen beliebig langen Kreisbogen von *A* zu einem Endpunkt *R* und verbindet *R* mit *M*.
Die Parallele zu *RM* durch *B* schneidet *PR* in *S*.
Nun zeichnet man den Kreis um *P* mit Radius $\overline{PS}$ und dreht *S* auf [*MP*.
Der Schnittpunkt ist *P'*!

Begründung:

1. Möglichkeit:
Wieder läßt sich eine Strahlensatzfigur bzw. ähnliche Dreiecke finden, nämlich $\triangle MRP$ und $\triangle BSP$.
Damit gilt:
$$\frac{\overline{PB}}{\overline{PS}} = \frac{\overline{PM}}{\overline{PR}} \;;$$
$$\frac{\overline{PB}}{\overline{PP'}} = \frac{\overline{PM}}{\overline{PA}} \;;$$
$$\frac{\overline{MP} - r}{\overline{MP} - \overline{MP'}} = \frac{\overline{MP}}{\overline{MP} + r}$$
$$\left(\overline{MP} - r\right) \cdot \left(\overline{MP} + r\right) = \overline{MP} \cdot \left(\overline{MP} - \overline{MP'}\right);$$
$$\overline{MP}^2 - r^2 = \overline{MP}^2 - \overline{MP} \cdot \overline{MP'} \text{ und wiedermal } \overline{MP} \cdot \overline{MP'} = r^2.$$

2. Möglichkeit:
Die *Potenz* von *P* bezüglich *k* ist
$$\overline{AP} \cdot \overline{BP} = \left(\overline{MP} + r\right) \cdot \left(\overline{MP} - r\right) = \overline{MP}^2 - r^2 = \overline{MP}^2 - \overline{MP} \cdot \overline{MP'} = \overline{MP} \cdot \left(\overline{MP} - \overline{MP'}\right) = \overline{MP} \cdot \overline{PP'}$$
Aus den gegebenen Längen $\overline{AP}, \overline{BP}$ und $\overline{MP}$ läßt sich also $\overline{PP'}$ und damit *P'* in einer Strahlensatzfigur konstruieren!

4. Bildpunktkonstruktion:

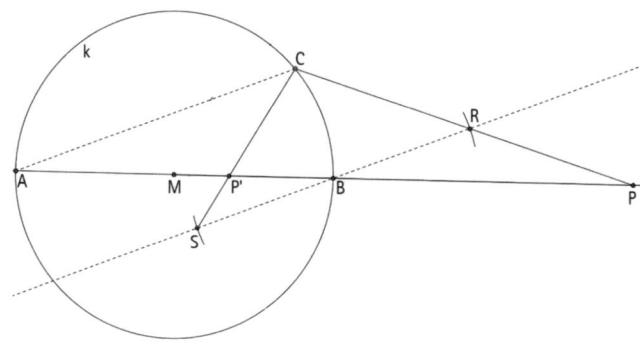

(Abb. 58)

B sei wieder der Schnittpunkt von k mit $[MP$ und A der andere Schnittpunkt von k mit MP;
Wähle ein beliebiges $C \in k \setminus MP$ und zeichne AC sowie CP ein;
die Parallele zu AC durch B schneidet CP in R.
R wird an B gespiegelt und liefert S.
Die Gerade CS schneidet MP in P!

Begründung:

Die Punkte A, B, P' und P sind harmonische Punkte, es gilt nämlich für das Teilverhältnis von P' bezüglich $[AB]$:

$$\tau_1 = \frac{\overline{AP'}}{\overline{BP'}} = \frac{r + \overline{MP'}}{r - \overline{MP'}} = \frac{r + \frac{r^2}{\overline{MP}}}{r - \frac{r^2}{\overline{MP}}} = \frac{\overline{MP} \cdot \left(r + \frac{r^2}{\overline{MP}}\right)}{\overline{MP} \cdot \left(r - \frac{r^2}{\overline{MP}}\right)} = \frac{\overline{MP} \cdot r + r^2}{\overline{MP} \cdot r - r^2} = \frac{r \cdot \left(\overline{MP} + r\right)}{r \cdot \left(\overline{MP} - r\right)} = \frac{\overline{MP} + r}{\overline{MP} - r};$$

Für das Teilverhältnis von P bezüglich $[AB]$ erhalten wir:

$$\tau_2 = \frac{\overline{AP}}{\overline{BP}} = \frac{r + \overline{MP}}{\overline{MP} - r} = -\tau_1;$$

mit der Konstruktion wird also eigentlich das äußere Teilverhältnis von P bezüglich *[AB]* übertragen und der innere Teilpunkt *P'* ermittelt!

Die folgenden drei Konstruktionen verwenden jeweils eine *Lotkonstruktion*:

5. *Bildpunktkonstruktion:*

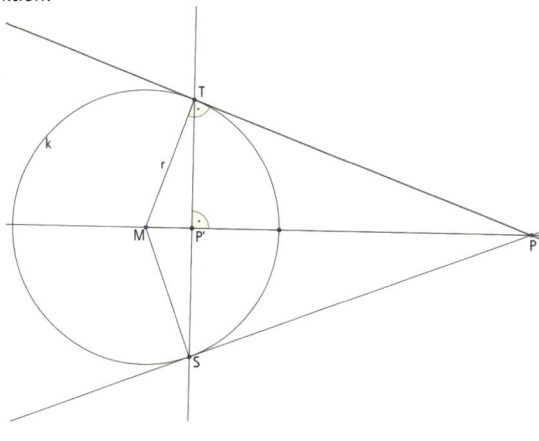

(Abb. 59)

Diese Konstruktion wurde als Abbildungsvorschrift gewählt und über den Kathetensatz im rechtwinkligen Dreieck ΔPTM begründet: $\left(\overline{TM}^2 =\right) r^2 = \overline{MP'} \cdot \overline{MP}$

6. *Bildpunktkonstruktion:*

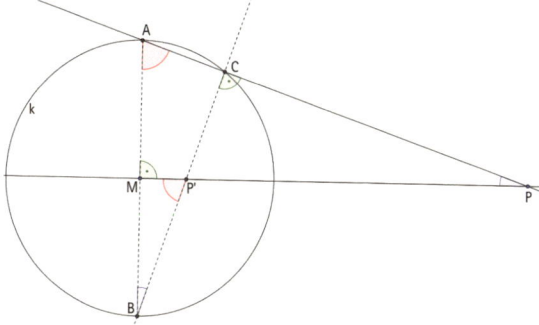

(Abb. 60)

Fälle das Lot auf [MP in M, es schneidet k in A und B.
Zeichne die Gerade AP.
AP schneidet k außerdem in C.
Zeichne die Gerade CB.
Der Schnittpunkt von CB und [MP ist P'.

Begründung:
Wir stellen zunächst fest, dass die Dreiecke $\triangle ABC$, $\triangle P'BM$ und $\triangle APM$ ähnlich sind:
C liegt auf dem Thaleskreis über [AB], folglich steht CB senkrecht auf AC.
Dieser rechte Winkel im mittelgroßen Dreieck $\triangle ABC$ findet sich im kleinen Dreieck $\triangle P'BM$ bei M (weil AB Lot auf [MP ist), im großen Dreieck $\triangle APM$ auch bei M. Den Winkel α bei A haben großes und mittleres Dreieck gemeinsam, also sind auch die anderen beiden Winkel bei B bzw. P gleich, wobei der bei B wieder gemeinsamer Winkel von mittlerem und kleinem Dreieck ist.
Die Dreiecke $\triangle ABC$, $\triangle P'BM$ und $\triangle APM$ sind also ähnlich, folglich gilt für die Katheten in den Dreiecken $\triangle P'BM$ und $\triangle APM$:

$$\frac{\overline{MP'}}{\overline{MB}} = \frac{\overline{AM}}{\overline{MP}} ;$$

$$\frac{\overline{MP'}}{r} = \frac{r}{\overline{MP}} ;$$

daraus erhält man wieder die Gleichung $\overline{MP} \cdot \overline{MP'} = r^2$

7. Bildpunktkonstruktion:

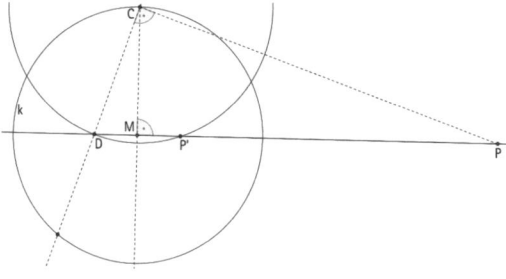

(Abb. 61)

Fälle das Lot auf [MP in M, es schneidet k oben in C. Das Lot auf PC in C schneidet seinerseits MP in D.
Der Kreis um C mit Radius $\overline{CD}$ schneidet [MP in P'!

Begründung:
Mit dem Höhensatz gilt $\overline{MC}^2 = \overline{MD} \cdot \overline{MP}$ und somit wiedermal $r^2 = \overline{MP} \cdot \overline{MP'}$.
Es folgen zwei Konstruktionen, bei denen jeweils eine *Winkelübertragung* zum Bildpunkt führt:

Die Spiegelung am Kreis

8. Bildpunktkonstruktion:

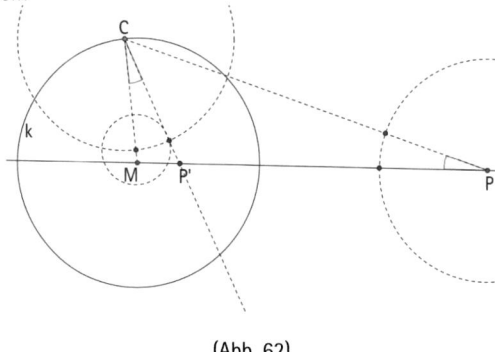

(Abb. 62)

Wähle $C \in k \setminus MP$ und übertrage den Winkel bei P im Dreieck $\triangle MPC$ an den Radius $[MC]$ bei C! Der zweite Schenkel schneidet MP dann in P'!

Begründung:
Wieder tauchen ähnliche Dreiecke auf, diesmal $\triangle MCP'$ und $\triangle MPC$. Außer dem gemeinsamen Winkel bei M sind auch die Winkel bei P bzw. C gleich, damit sind die Dreiecke ähnlich.
Folglich ist $\dfrac{\overline{MP'}}{\overline{MC}} = \dfrac{\overline{MC}}{\overline{MP}}$ und damit $\dfrac{\overline{MP'}}{r} = \dfrac{r}{\overline{MP}}$, woraus sich wieder $\overline{MP} \cdot \overline{MP'} = r^2$ ergibt.

9. Bildpunktkonstruktion:

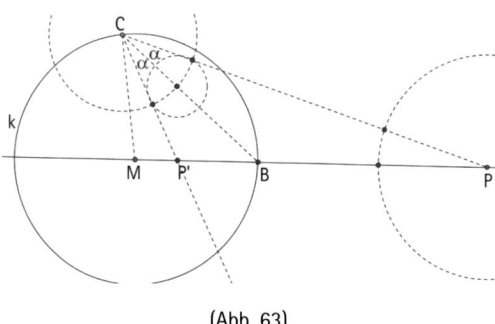

(Abb. 63)

Wähle wieder ein $C \in k \setminus MP$ und verbinde es mit $B = k \cap [MP$.
Verdopple den entstandenen Winkel α bei C.
Der zweite Schenkel schneidet $[MP$ in P'!

Begründung:

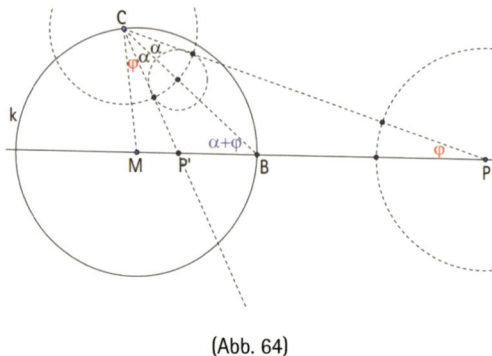

(Abb. 64)

Es liegen erneut ähnliche Dreiecke vor, nämlich $\triangle MPC$ und $\triangle MCP'$. Das läßt sich z.B. folgendermaßen begründen:
Mit den Bezeichnungen α für den zu verdoppelnden Winkel und φ für den Winkel bei P erhalten wir rechts oberhalb von B den Winkel $180° - \alpha - \varphi$, links oberhalb von B also $\alpha + \varphi$.
Im gleichseitigen Dreieck $\triangle CMB$ müssen die Basiswinkel gleich sein, also auch bei C der Winkel $\alpha + \varphi$.
Im Dreieck $\triangle MCP'$ liefert das aber bei C gerade den Winkel φ, d.h. außer dem gemeinsamen Winkel bei M haben die Dreiecke $\triangle MPC$ und $\triangle MCP'$ noch beide den Innenwinkel φ und sind somit ähnlich.
Damit gilt für die Seitenlängen:
$$\frac{\overline{MC}}{\overline{MP'}} = \frac{\overline{MP}}{\overline{MC}} ;$$
$$\frac{r}{\overline{MP'}} = \frac{\overline{MP}}{r} ;$$ es folgt also auch hier wieder $\overline{MP} \cdot \overline{MP'} = r^2$.

Und hier für unsere Werkzeugminimalisten:
Eine *reine Zirkel-* und eine *reine Lineal*konstruktion sind die beiden nächsten Vorschläge:

10. Bildpunktkonstruktion (reine Zirkelkonstruktion für $\overline{MP} > \frac{r}{2}$):

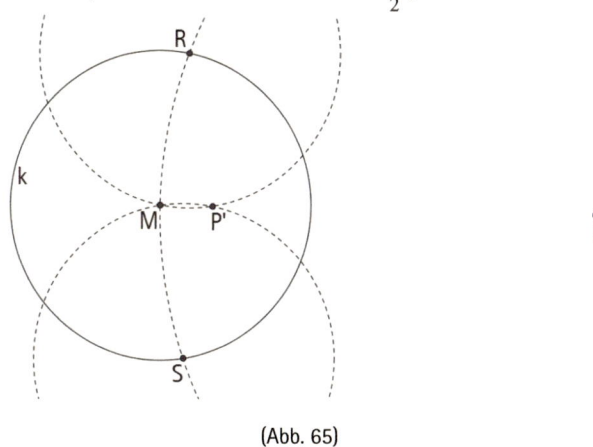

(Abb. 65)

Bei dieser Konstruktion ist nur ein Zirkel notwendig, kein Lineal! Zunächst beschränken wir uns auf den Fall $\overline{MP} > \frac{r}{2}$:

Zeichne den Kreis um *P* mit Radius $\overline{PM}$, er schneidet *k* in *R* und *S* (weil ja $\overline{MP} > \frac{r}{2}$!).

Zeichne die Kreise um *R* und *S* mit Radius $\overline{MR}(= \overline{MS})$. Diese beiden Kreise schneiden sich außerdem in *P'*.

Begründung:

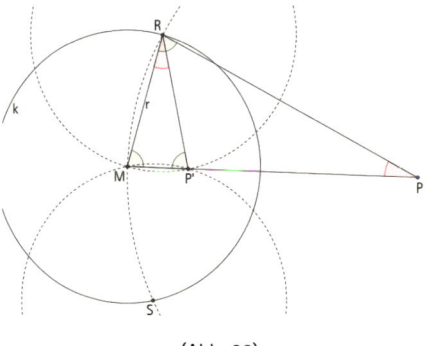

(Abb. 66)

Zunächst muss geklärt werden, dass P' tatsächlich auf $[MP]$ liegt. Dies ist aber gleich erledigt, weil M, P und P' auf der Mittelsenkrechten von $[RS]$ liegen, also insbesondere auf einer Geraden.
Weiterhin sind die gleichschenkligen Dreiecke $\Delta RMP'$ und ΔPRM mit dem gemeinsamen Basiswinkel bei M ähnlich und somit folgt für Schenkel und Basis:

$\left(\dfrac{\overline{MR}}{\overline{MP'}} = \right) \dfrac{r}{\overline{MP'}} = \dfrac{\overline{MP}}{r} \left(= \dfrac{\overline{MP}}{\overline{RM}} \right)$; sofort ergibt sich auch hier wieder $\overline{MP} \cdot \overline{MP'} = r^2$.

Es bleibt also der Fall $\overline{MP} \leq \dfrac{r}{2}$:

Durch (evtl. wiederholtes) „Verdoppeln von $\overline{MP}$" wird zunächst ein für die Konstruktion ausreichender Abstand des dadurch festgelegten Punktes Q von M erreicht.
Q wird nach Q' gespiegelt und der Abstand $\overline{MQ'}$ ebensooft verdoppelt wie der von vorher; man erhält tatsächlich den Bildpunkt P', denn (hier mit einmaligem Verdoppeln):
$Q \in [MP$ mit $\overline{MQ} = 2 \cdot \overline{MP}$ wird an k gespiegelt nach $Q' \in [MP$ mit $\overline{MQ} \cdot \overline{MQ'} = r^2$; damit ist auch
$2 \cdot \overline{MP} \cdot \overline{MQ'} = r^2$; für den gesuchten Bildpunkt P' soll gelten $\overline{MP} \cdot \overline{MP'} = r^2$, also erhalten wir $\overline{MP'} = 2 \cdot \overline{MQ'}$. Damit läßt sich P' finden!
Übrigens ist diese reine Zirkelkonstruktion ein wichtiges Hilfsmittel für die Durchführung der Mascheronischen Konstruktionen, bei denen kein Lineal verwendet werden darf, sondern ausschließlich ein Zirkel!

11. Bildpunktkonstruktion (reine Linealkonstruktion):

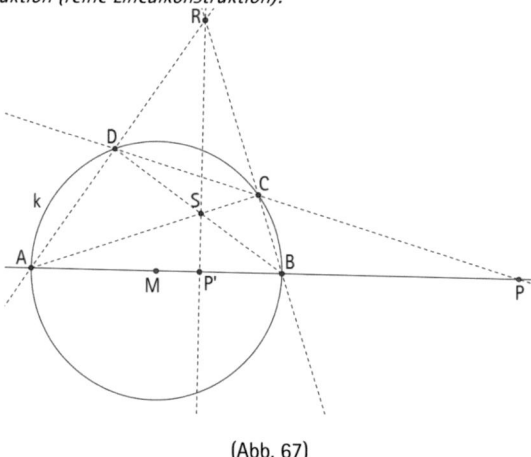

(Abb. 67)

Die Schnittpunkte A und B von k mit MP seien wieder wie in der Zeichnung.
Wähle C beliebig auf $k|MP$.
PC schneidet k außerdem in D.

Die Spiegelung am Kreis

Weiterhin schneiden sich *AD* und *BC* in *R* sowie *AC* und *BD* in *S*.
Die Gerade *RS* schneidet nun wiederum *MP* in *P*!

Begründung:
1. Teil:
Zunächst erinnern wir uns an den Satz, dass die Höhen eines spitzwinkligen Dreiecks die Innenwinkel des Höhenfußpunkts-Dreiecks (hier $\triangle CDP'$) halbieren.
In unserer Figur liegen *D* und *C* auf dem Thaleskreis über *[AB]*, folglich sind *DB* und *AC* Höhen im Dreieck $\triangle ABR$ und schneiden sich in *S*.
RP' geht ebenfalls durch *S* und ist somit die dritte Höhe.
Die Höhenfußpunkte *C, D* und *P'* bilden das Dreieck, dessen Innenwinkel nach obigem Satz von den Geraden *AC, BD* und *RP'* halbiert werden, insbesondere auch der Winkel $\angle DCP'$ von *AC* (die beiden Winkelhälften werden unten in der Zeichnung mit β bezeichnet).

2.Teil:
Nun weisen wir leicht nach, dass die Dreiecke $\triangle MP'C$ und $\triangle MCP$ ähnlich sind.
Gemeinsam ist beiden Dreiecken der Winkel bei *M*.
Es muss noch gezeigt werden, dass die Winkel bei *P* bzw. *C* gleich sind:
Dazu folgende Zeichnung mit der Parallelen *h* zu *AP* durch *C*:

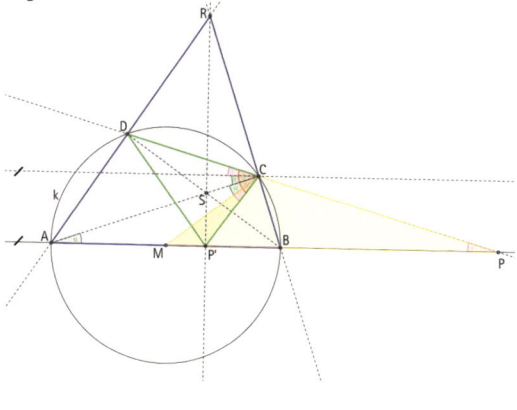

(Abb. 68)

Man sieht gleich:
$\alpha_1 = \alpha_2 (= \alpha)$ (gleichschenkliges Dreieck $\triangle AMC$)
und $\alpha_1 = \alpha_3 (= \alpha)$ (Z-Winkel);
Es folgt einmal $\varphi_1 = \angle MCP' = \beta - \alpha$ und ebenso $\varphi_2 = \angle DCH = \beta - \alpha$; weiterhin ist auch $\varphi_2 = \varphi_3$ (F-Winkel) und wir erhalten $\varphi_1 = \angle MCP' = \angle MPC = \varphi_3$.
Die Dreiecke $\triangle MP'C$ und $\triangle MCP$ sind also ähnlich, es gilt:

$$\frac{\overline{MC}}{\overline{MP'}} = \frac{\overline{MP}}{\overline{MC}};$$

$\dfrac{r}{\overline{MP'}} = \dfrac{\overline{MP}}{r}$ und schließlich wie üblich $r^2 = \overline{MP} \cdot \overline{MP'}$.

Es gibt noch weitere Konstruktionen, auf die hier aber nicht mehr eingegangen werden soll. Nach dieser Sammlung verschiedener geometrischer Verfahren zum Auffinden des Bildpunktes werden wir eine Theorie betrachten, in der für die Konstruktion lediglich der Zirkel und kein Lineal zugelassen sind (vgl. 10. Bildpunktkonstruktion!).

7. Mascheronische Konstruktionen

Außer dem Dänen Georg Mohr (1640-97) hat sich vor allem der italienische Mathematiker Lorenzo Mascheroni (1750-1800) seinerzeit mit dem Problem beschäftigt, ob nicht alle Konstruktionen, die mit Zirkel *und* Lineal möglich sind, auch mit dem Zirkel allein durchgeführt werden können. Im Jahre 1797 erschien sein Werk „Geometria del compasso" mit den notwendigen Nachweisen dafür, dass dies tatsächlich möglich ist. Die ganze mühevolle Arbeit erwies sich plötzlich durch eine sehr einfache Überlegung in August Adlers (1863-1923) „Die Theorie der Mascheronischen Konstruktionen" (1890) als nicht mehr notwendig. Spiegelt man nämlich eine Konstruktion mit Zirkel und Lineal an einem Inversionskreis, dessen Mittelpunkt auf keiner der vorkommenden Linien liegt, so bleiben die Kreise Kreise und die Geraden werden ebenfalls Kreise. Somit liegt eine Konstruktion vor, die ausschließlich mit dem Zirkel durchgeführt werden kann. Man kann also jede (Zirkel-und Lineal-) Konstruktions-Aufgabe durch Inversion verwandeln in eine reine Zirkelkonstruktions-Aufgabe, das Ergebnis wird dann wieder zurückgespiegelt und stimmt mit dem der Zirkel-und Linealkonstruktion überein. Dabei ist es natürlich auch notwendig, die Inversion selbst ohne Lineal durchzuführen. Diese Möglichkeit haben wir aber bereits im letzten Kapitel (als 10. Bildpunktkonstruktion) vorgeführt und wollen sie hier nochmals in Kürze zeigen:

<u>Die reine Zirkelinversion eines Punktes:</u>

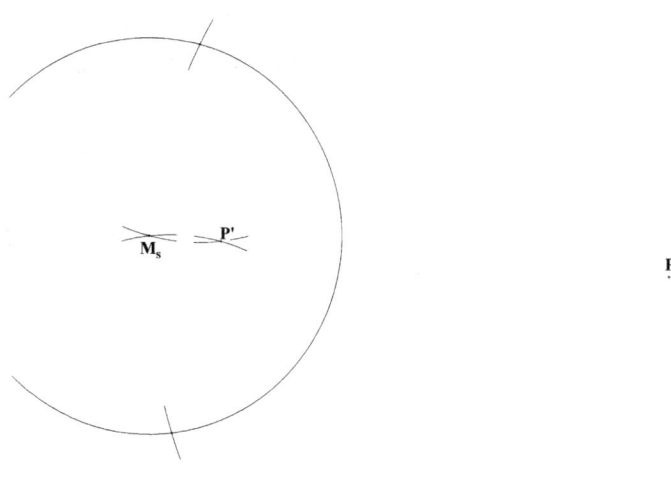

(Abb. 69)

Konstruktionsbeschreibung:

Der Kreis um den zu invertierenden Punkt P durch den Spiegelkreismittelpunkt M_s schneidet die Spiegelkreislinie k_s in zwei Punkten (sofern bereits $\overline{M_sP} > \frac{1}{2} \cdot r_s$ gilt (*)). Um diese beiden Punkte zeichne man jeweils den Kreis durch M_s, dann schneiden sich diese beiden Kreise (außer in M_s) noch in P'.

Die reine Zirkelinversion einer Geraden:

Eine sehr wichtige Grundkonstruktion in diesem Zusammenhang ist auch die (lineallose) Inversion einer Geraden, die (mangels eines Lineals) nur durch zwei Punkte A und B repräsentiert wird.

Man wähle zu diesem Zweck nun einen beliebigen Inversionskreis k_s, (achsen-)spiegle dessen Mittelpunkt M_s an der Geraden AB (durch Einstechen des Zirkels bei A und B und Zeichnen der Kreise durch M_s, die sich außerdem im (Achsen-) Spiegelpunkt H_1 schneiden). Nun invertiere man H_1 an k_s, der Bildpunkt ist der Mittelpunkt M'(= H_1') des Bildkreises der Geraden AB!

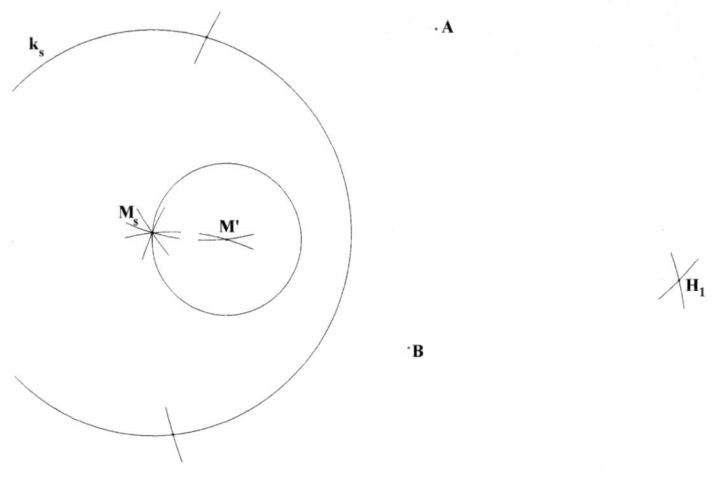

(Abb. 70)

Begründung:

Als Hilfspunkte für die Begründung werden nun der Fußpunkt F des Lotes auf AB durch M_s und sein Inversionsbild F' eingeführt, die bei der Konstruktion selbst allerdings nicht auftauchen:

* Sonst muss der Abstand $\overline{M_sP}$ durch möglicherweise wiederholtes Verdoppeln (siehe dazu letztes Kapitel!) zunächst vergrößert werden, und wie dies nun wiederum nur mit dem Zirkel bewerkstelligt werden kann, das zeigen wir auf Seite 76 am Ende des Kapitels!

Die Spiegelung am Kreis

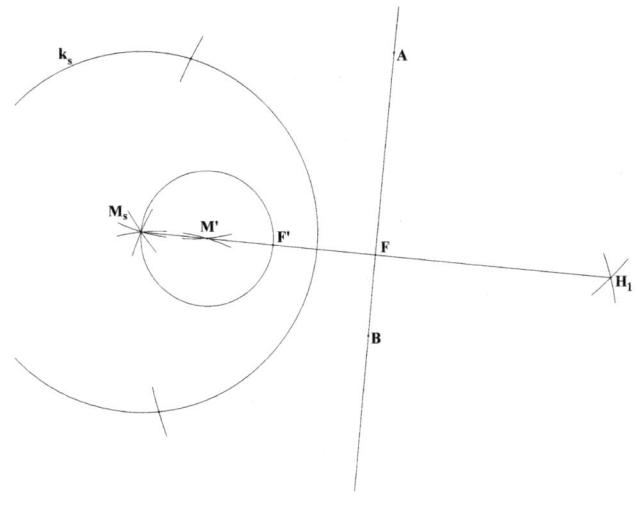

(Abb. 71)

Es gilt:
$$\overline{M_sH_1} = 2 \cdot \overline{M_sF} \quad (1)$$
$$\overline{M_sH_1} \cdot \overline{M_sM'} = r_s^2 \quad (2)$$
$$\overline{M_sF'} \cdot \overline{M_sF} = r_s^2 \Leftrightarrow \overline{M_sF'} = \frac{r_s^2}{\overline{M_sF}} \quad (3) \text{ und damit:}$$

$$\overline{M_sM'} \stackrel{(2)}{=} \frac{r_s^2}{\overline{M_sH_1}} \stackrel{(1)}{=} \frac{r_s^2}{2 \cdot \overline{M_sF}} = \frac{1}{2} \cdot \frac{r_s^2}{\overline{M_sF}} \stackrel{(3)}{=} \frac{1}{2} \cdot \overline{M_sF'} \ ;$$

weil M_s, M', F', F und H_1 auf einer Geraden liegen, muss M' der Mittelpunkt des Kreises durch M_s und F' sein (und das ist der Bildkreis der Geraden AB!)

Die reine Zirkelinversion eines Kreises:
Bei der Inversion ist ja bedauerlicherweise der Mittelpunkt des Bildkreises i.a. nicht das Bild des Mittelpunktes vom Urkreis, darum werden wir hier zunächst ohne den Mittelpunkt arbeiten. Eine Kreislinie ist festgelegt durch drei ihrer Punkte, die linealos zu invertieren kein Problem mehr darstellt. Der Bildkreis ist dann der Umkreis des Dreiecks, das durch die drei Bildpunkte gebildet wird. Diese Umkreiskonstruktion soll nun also ohne Lineal, nur mit einem Zirkel, durchgeführt werden. Dazu hier zwei Möglichkeiten:

Erste Variante (ohne Mittelpunkt, umständlich):

Konstruiere zwei Punkte M_{a1} und M_{a2} von der Mittelsenkrechten m_a durch Schneiden der beiden Kreise um A durch B sowie um B durch A.
Ebenso erhält man zwei Punkte M_{c1} und M_{c2} von der Mittelsenkrechten m_c :

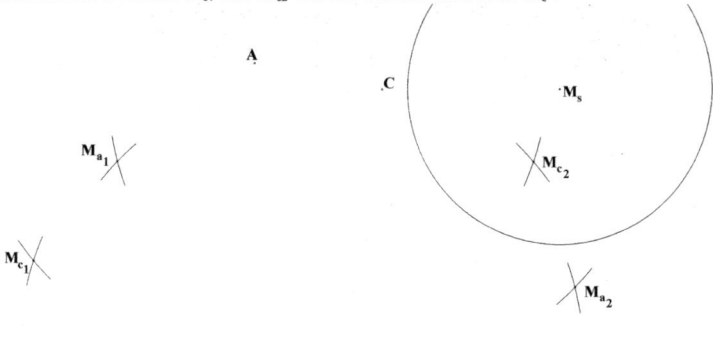

(Abb. 72)

Diese Mittelsenkrechten werden nun invertiert. Dazu wird zunächst M_s an m_c (achsen-) gespiegelt, man erhält M_c. Analog (achsen-)spiegelt man M_s an m_a und erhält M_a:

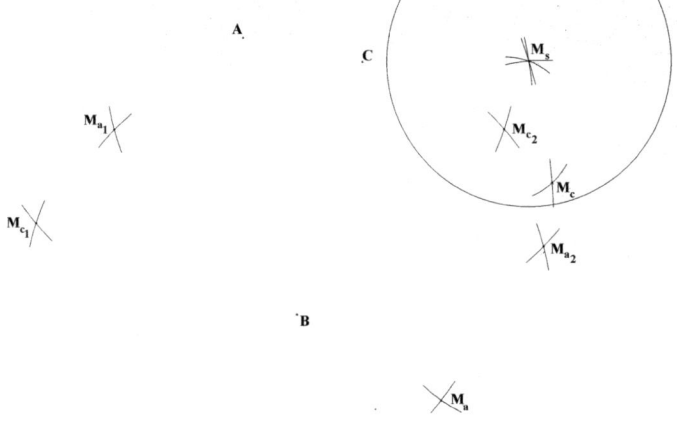

(Abb. 73)

Invertiert man nun M_a und M_c, dann erhält man die Mittelpunkte M_a' und M_c' der Bildkreise von m_a und m_c.

Die Spiegelung am Kreis

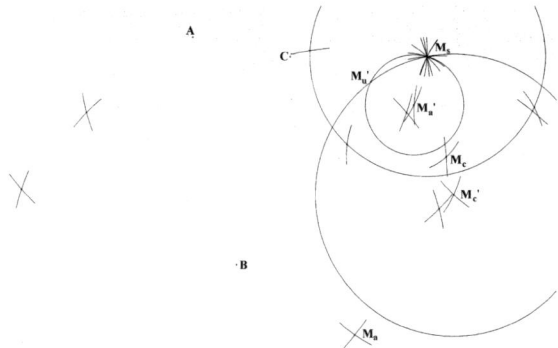

(Abb. 74)

Diese Umkreisbilder schneiden sich (außer in M_s) noch in M_u' ; dies ist aber gerade das Bild des Umkreismittelpunktes M_u, den man jetzt durch Invertieren von M_u' erhält:

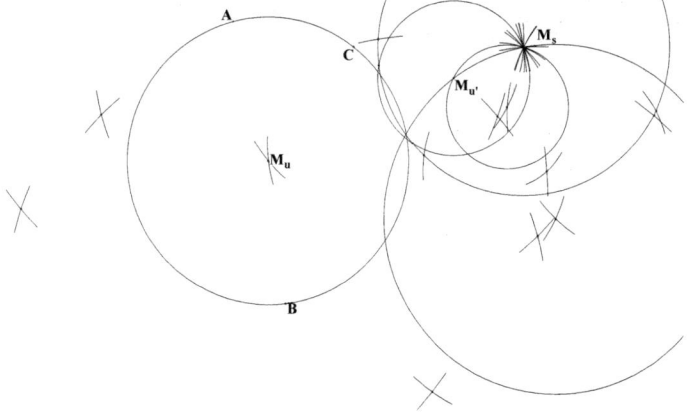

(Abb. 75)

Zweite Variante (ebenfalls ohne Mittelpunkt, aber eleganter):
Wähle als Inversionskreis den Kreis um C durch A, invertiere B nach B', dann ist AB' das Bild des Umkreises. Invertieren dieser Geraden AB' (H_1 ist dabei das (Achsen-)spiegelbild von C an AB') liefert also den Umkreis:

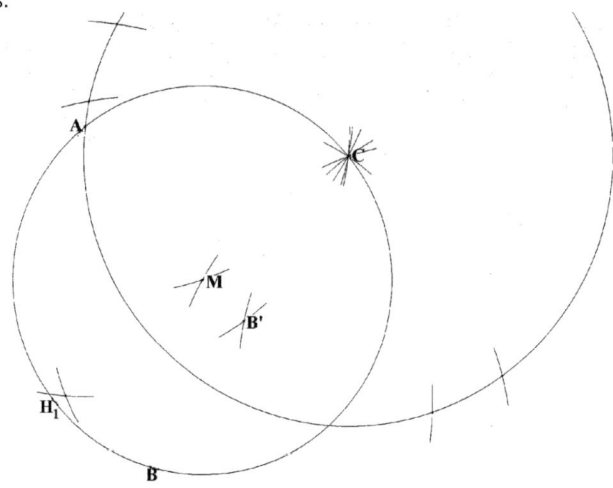

(Abb. 76)

Inversion eines Kreises mit Mittelpunkt:
Eine weitere Möglichkeit der Inversion eines Kreises bietet die Konstruktion des Mittelpunktes vom Bildkreis k', der ja wie bereits gesehen i.a. nicht das Bild des Mittelpunktes von k ist. Vielmehr läßt sich der Mittelpunkt des Bildkreises von $k(M,r)$ nach Spiegelung am Inversionskreis $k_s(M_s,r_s)$ folgendermaßen konstruieren:

Die Spiegelung am Kreis

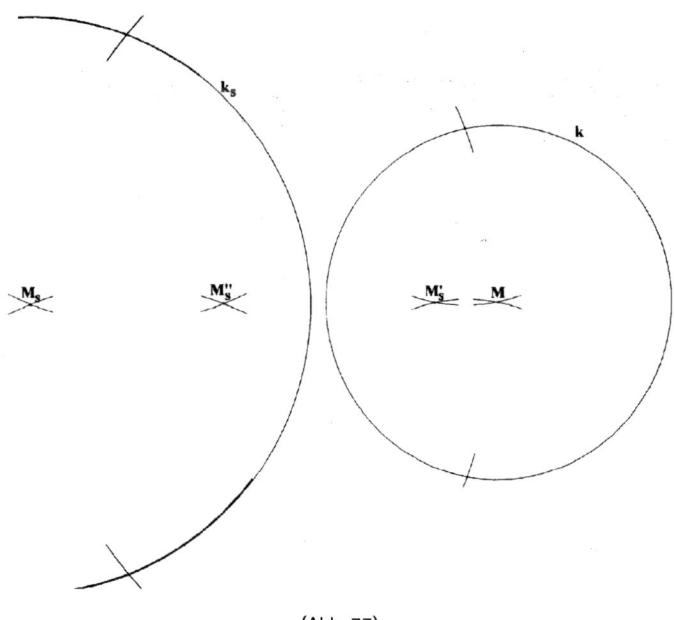

(Abb. 77)

Die Spiegelung am Kreis

Man invertiere zunächst den Spiegelkreismittelpunkt M_s an $k(M;r)$ und erhält M_s'; diesen Punkt invertiert man nun an k_s und gewinnt so M_s'', den Mittelpunkt des Bildkreises (wie der folgende Nachweis zeigt). Durch Inversion eines Kreispunktes B liegt also der Bildkreis $k(M_s''; \overline{M_s''B})$ fest:

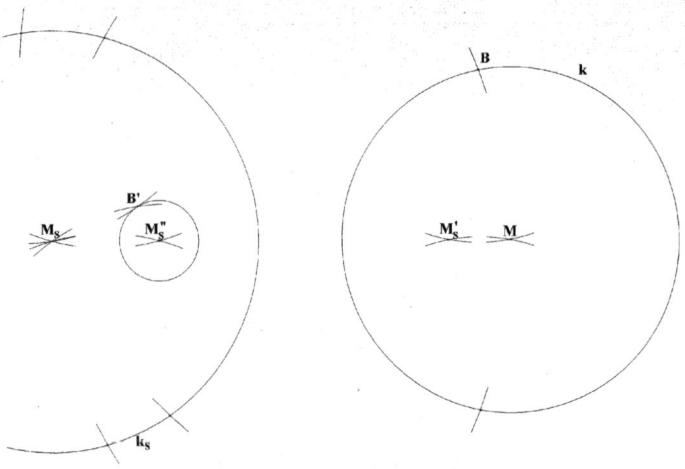

(Abb. 78)

Es soll gezeigt werden, dass M_s'' der Mittelpunkt von k' ist; dazu betrachten wir die beiden Schnittpunkte P und Q von k mit der Halbgeraden $[M_sM$ und ihre Bilder P' bzw. Q' auf k'. Die Behauptung läßt sich beispielsweise so formulieren: $\overline{M_s''Q'} = \overline{M_s''P'}$

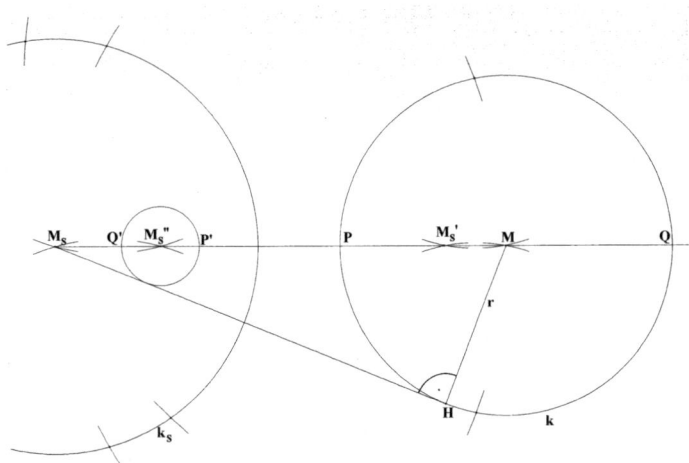

(Abb. 79)

Die Spiegelung am Kreis 70

Beweis: Offensichtlich gilt die folgende Beziehung:
$\overline{MM_s} = \overline{MM_s'} + \overline{M_s'M_s}$
$\overline{MM_s} - \overline{MM_s'} = \overline{M_s'M_s} \quad |\cdot \overline{MM_s}$
$\overline{MM_s}^2 - \overline{MM_s'} \cdot \overline{MM_s} = \overline{M_s'M_s} \cdot \overline{MM_s}$; wegen $\overline{MM_s'} \cdot \overline{MM_s} = r^2$ gilt:
$\overline{MM_s}^2 - r^2 = \overline{M_s'M_s} \cdot \overline{MM_s}$;
nach Pythagoras ist aber $\overline{MM_s}^2 - r^2 = \overline{M_sH}^2$ und
mit Sehnen-Tangenten-Satz gilt $\overline{M_sH}^2 = \overline{M_sP} \cdot \overline{M_sQ}$, so dass wir schreiben können:
$\overline{M_sP} \cdot \overline{M_sQ} = \overline{M_s'M_s} \cdot \overline{MM_s}$
$\dfrac{1}{\overline{M_s'M_s}} \cdot \overline{M_sP} \cdot \overline{M_sQ} = \overline{MM_s}$
$\dfrac{r_s^2}{\overline{M_s'M_s}} \cdot \overline{M_sP} \cdot \overline{M_sQ} = \overline{MM_s} \cdot r_s^2$; wegen $\overline{M_s'M_s} \cdot \overline{M_s''M_s} = r_s^2$
$\overline{M_s''M_s} \cdot \overline{M_sP} \cdot \overline{M_sQ} = \overline{MM_s} \cdot r_s^2$
$\overline{M_s''M_s} = \dfrac{\overline{MM_s} \cdot r_s^2}{\overline{M_sP} \cdot \overline{M_sQ}}$ und natürlich auch $2 \cdot \overline{M_s''M_s} = \dfrac{2 \cdot \overline{MM_s} \cdot r_s^2}{\overline{M_sP} \cdot \overline{M_sQ}}$
Weil M aber Mittelpunkt von k ist, gilt $\overline{M_sQ} + \overline{M_sP} = 2 \cdot \overline{MM_s}$ und damit
$2 \cdot \overline{M_s''M_s} = \dfrac{\left(\overline{M_sP} + \overline{M_sQ}\right) \cdot r_s^2}{\overline{M_sP} \cdot \overline{M_sQ}}$
$2 \cdot \overline{M_s''M_s} = \dfrac{r_s^2}{\overline{M_sQ}} + \dfrac{r_s^2}{\overline{M_sP}}$; das ist aber wegen $\overline{M_sP} \cdot \overline{M_sP'} = r_s^2$ und $\overline{M_sQ} \cdot \overline{M_sQ'} = r_s^2$
$2 \cdot \overline{M_s''M_s} = \overline{M_sQ'} + \overline{M_sP'}$
$\overline{M_s''M_s} - \overline{M_sQ'} = \overline{M_sP'} - \overline{M_s''M_s}$; also gilt die Behauptung:
$\overline{M_s''Q'} = \overline{M_s''P'}$
Auf diese Weise kann man also (lineallos!) den Mittelpunkt des Bildkreises aus dem Kreismittelpunkt M konstruieren, was bei manchen Problemen günstiger ist als die Umkreiskonstruktion für drei Kreispunkte.

Eine weitere sehr wichtige reine Zirkelkonstruktion ist die des Schnittpunktes S zweier
Geraden AB und CD:

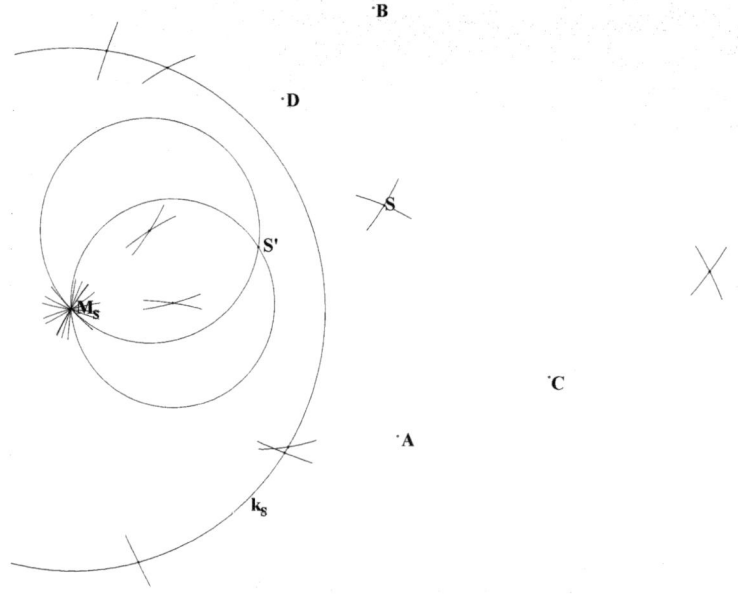

(Abb. 80)

Dazu invertiere man AB und CD an einem geeigneten Spiegelkreis (M_s weder auf AB noch auf CD); es entstehen zwei Kreise, die sich außer in M_s noch in S' schneiden; Inversion von S' liefert den gesuchten Schnittpunkt S.Nachdem nun also Punkt, Gerade und Kreis lineallos invertiert werden können, ist auch jede Konstruktion mit Zirkel und Lineal ohne letzteres möglich. Schließlich noch in Kürze eine Konstruktionsidee, die bei der Zirkelinversion eines Punktes P in der Nähe von M_s (d.h. wenn $\overline{M_sP} < \frac{1}{2} \cdot r_s$) wichtig wird:

Problem der Streckenverdoppelung nur mit dem Zirkel:

Gegeben sei eine Strecke *[AM]* und gesucht der Punkt *B∈]AM* mit $\overline{AM} = \overline{BM}$, also der an *M* punktgespiegelte Bildpunkt *B* von *A*.
Mögliche Konstruktion: Zwei Kreise um A und M mit dem gleichen Radius ($> 0{,}5 \cdot \overline{AM}$) schneiden sich in zwei Punkten (übrigens auf der Mittelsenkrechten von *[AM]*), wähle einen davon als Spiegelkreismittelpunkt M_s und zeichne $k_s(M_s; \overline{AM_s})$. Invertiere nun *g=AM*; *g'* ist der Umkreis des Dreiecks *AMM$_s$*. Spiegle jetzt auch *k(M; $\overline{MA}$)*; der Bildkreis *k'* und *g'* schneiden sich in *B'*, dessen Inversionsbildpunkt ist der gesuchte Punkt *B*.

Schließlich möchte ich noch einige Konstruktionsaufgaben stellen:
Konstruiere a) eine Parallele zu AB durch P außerhalb von AB
           b) das Lot auf AB durch C außerhalb AB
           c) das Lot auf AB durch C auf AB
           d) den Inkreis eines Dreiecks ABC
           e) den Feuerbachschen Neunpunktekreis eines Dreiecks ABC (vgl. Kap.10)

Die Spiegelung am Kreis   72

Nach diesen Überlegungen werden jetzt noch wir eine einfache Apparatur betrachten, die zu jeder Linie durch Nachfahren deren Inversionsbild zeichnen kann.

8. Ein mechanischer Kreispiegler zum Selbstbauen

Mit Hilfe von zwei längeren Pappstreifen der Länge a und vier kürzeren Pappstreifen der Länge b ist schnell ein Gerät gebaut, mit dem die Kreisspiegelung mechanisch vollzogen werden kann. Aus den vier gleichen Stücken bastelt man eine Gelenkraute und befestigt an zwei gegenüberliegenden Rautenecken die Schenkel der Länge a (ebenfalls beweglich), die sich im Punkt M_s treffen. Fixiert man nun diese Vorrichtung mit M_s im Spiegelkreismittelpunkt und verfolgt mit der Ecke P_1 irgendeine Kurve, so beschreibt die gegenüberliegende Ecke P_1' gerade das Spiegelbild dieser Kurve. Für das Beispiel einer Geraden g und ihres Spiegelbildes g' (Kreis durch M_s) ist dies in folgender Zeichnung in zwei „Momentaufnahmen" für die Punkte P_1 und P_2 auf g festgehalten:

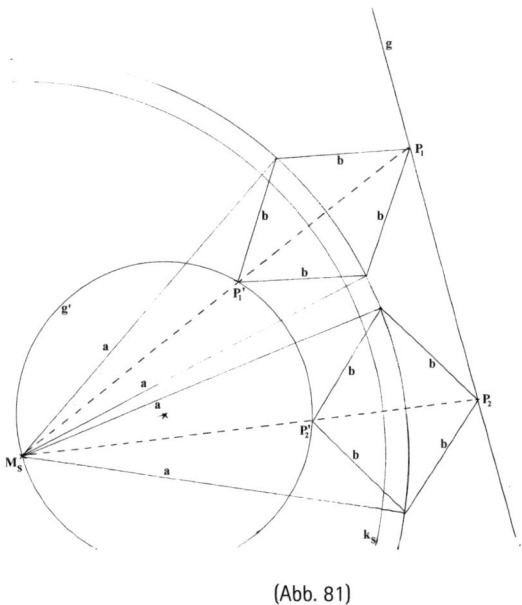

(Abb. 81)

Es ist leicht einzusehen, dass es sich hierbei wirklich um eine Inversionsmaschine handelt, wenn man die zweite Diagonale der Raute einzeichnet und nach rechtwinkligen Dreiecken Ausschau hält. Mit Pythagoras ergibt sich dann nämlich anhand der nächsten Abbildung gleich der Beweis für die Behauptung.

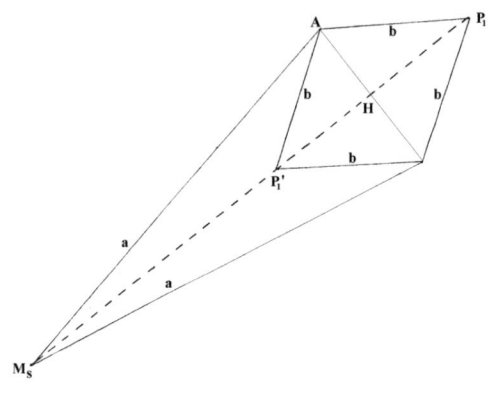

(Abb. 82)

Im rechtwinkligen Dreieck $\Delta M_s HA$ gilt:
$\overline{M_s H}^2 + \overline{AH}^2 = \overline{M_s A}^2$;
$\overline{AH}^2 = \overline{M_s A}^2 - \overline{M_s H}^2$;
$\overline{AH}^2 = \overline{M_s A}^2 - \left(\overline{M_s P_1'} + \overline{P_1' H}\right)^2$; (1)

Andererseits gilt im rechtwinkligen Dreieck $\Delta P_1' HA$:
$\overline{P_1' H}^2 + \overline{AH}^2 = \overline{P_1' A}^2$;
$\overline{AH}^2 = \overline{P_1' A}^2 - \overline{P_1' H}^2$; (2)

Damit folgt aus (1) und (2):
$\overline{P_1' A}^2 - \overline{P_1' H}^2 = \overline{M_s A}^2 - \left(\overline{M_s P_1'} + \overline{P_1' H}\right)^2$;
$\overline{P_1' A}^2 - \overline{P_1' H}^2 = \overline{M_s A}^2 - \left(\overline{M_s P_1'}^2 + 2 \cdot \overline{M_s P_1'} \cdot \overline{P_1' H} + \overline{P_1' H}^2\right)$;
$\overline{P_1' A}^2 = \overline{M_s A}^2 - \overline{M_s P_1'}^2 - 2 \cdot \overline{M_s P_1'} \cdot \overline{P_1' H}$;
$b^2 = a^2 - \overline{M_s P_1'}^2 - 2 \cdot \overline{M_s P_1'} \cdot \overline{P_1' H}$;
$b^2 = a^2 - \overline{M_s P_1'}^2 - 2 \cdot \overline{M_s P_1'} \cdot \frac{1}{2} \cdot \overline{P_1 P_1'}$;

$b^2 = a^2 - \overline{M_s P_1}'^2 - \overline{M_s P_1}' \cdot \left(\overline{M_s P_1} - \overline{M_s P_1}'\right)$;

$b^2 = a^2 - \overline{M_s P_1}'^2 - \overline{M_s P_1}' \cdot \overline{M_s P_1} + \overline{M_s P_1}'^2$;

$b^2 = a^2 - \overline{M_s P_1}' \cdot \overline{M_s P_1}$;

$\overline{M_s P_1}' \cdot \overline{M_s P_1} = a^2 - b^2$; mit $r_s^2 = a^2 - b^2$ (a und b lassen sich für ein gegebenes r_s ja stets geeignet wählen!) ist dies aber gerade die Gleichung der Inversion: $\overline{M_s P_1}' \cdot \overline{M_s P_1} = r_s^2$, es handelt sich also tatsächlich um ein Gerät, mit dem man mechanisch kreisspiegeln kann!

In dem nun folgenden Abschnitt taucht die Inversion diesmal auf als eine mögliche Lösung des uralten Problems, eine Kugeloberfläche in der Ebene darzustellen. Die besprochene Abbildung trägt zwar den Namen stereographische Projektion, dahinter verbirgt sich aber wie wir bald sehen werden wieder unsere Kreisspiegelung!

9. Die stereographische Projektion

Die Darstellung der (nahezu) kugelförmigen Erdoberfläche in ebenen Landkarten erfordert den teilweisen Verzicht auf so gewohnte Abbildungseigenschaften wie Längen-, Flächen-, Winkel- und Formtreue. Je nach Bedarf werden beispielsweise Seefahrerkarten winkeltreu sein, dafür sind sie aber dann weder längen- noch flächentreu.

Es gibt zahlreiche verschiedene Verfahren, eine Kugeloberfläche eindeutig auf eine Ebene abzubilden, so auch die Zylinderprojektion oder die Kegelprojektion. Eine weitere Möglichkeit ist die stereographische Projektion, eine winkeltreue Abbildung. Hier wird die Kugel mit dem Südpol S auf die Ebene gelegt und von jedem (vom Nordpol verschiedenen) Kugelpunkt P' aus durch den Nordpol N eine Gerade gelegt, die die Ebene im Bildpunkt P schneidet. N selbst läßt sich so nicht abbilden, anschaulich (?) kann man sagen, N würde „ins Unendliche projiziert".

Zunächst läßt sich kaum vermuten, dass auch diese stereographische Projektion mit unserer Kreisspiegelung zusammenhängt. Bei folgender näherer Untersuchung jedoch wird der Bezug hoffentlich bald deutlich. Die Kugel mit Radius r liege mit dem Südpol S im Ursprung des ebenen (u,v)-Koordinatensystems; die räumlichen Koordinaten eines Kugelpunktes $P'(x_p/y_p/z_p)$ erfüllen die Gleichung $x_p^2 + y_p^2 + (z_p - r)^2 = r^2$, sein Bildpunkt sei $P(u_p/v_p)$:

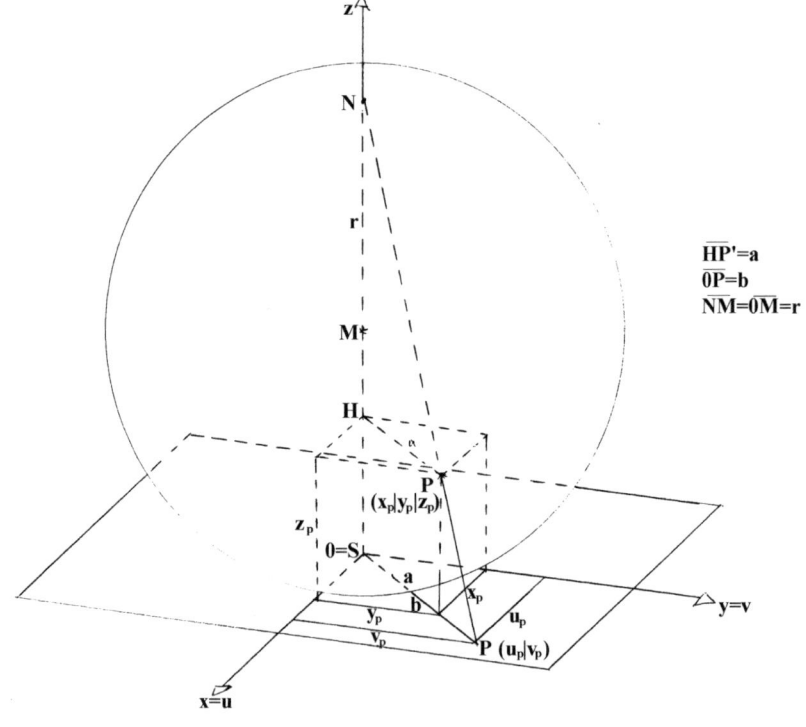

(Abb. 83)

Die Spiegelung am Kreis

Wir wollen nun die Koordinaten ineinander umrechnen und erkennen hierbei die Kreisspiegelung anhand ihrer Eigenschaft, dass sie Kreise durch den Spiegelkreis-Mittelpunkt auf Geraden abbildet. Schneiden wir nämlich hier entlang der Ebene *(NOP)* durch die Kugel (vgl. Abb.80), so erhalten wir einen Kreis als Schnittfigur der Kugel und eine Gerade als Schnittfigur der Ebene; sie berühren sich im Südpol S=0. Wählt man nun den Nordpol N als Spiegelkreismittelpunkt und $\overline{NO} = 2r$ als Spiegelkreisradius, so ist der Schnittkreis das Spiegelbild der Schnittgeraden und umgekehrt, insbesondere auch P' das Bild von P und umgekehrt.

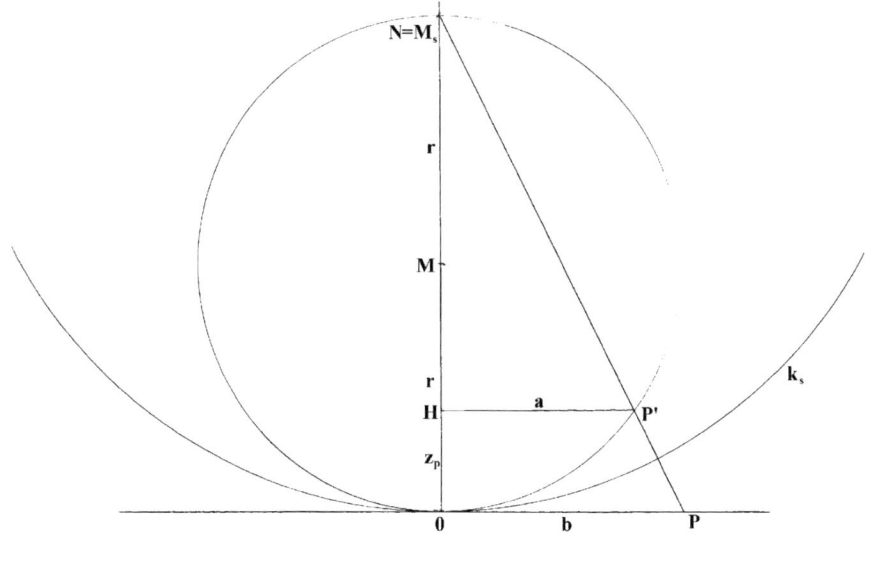

(Abb. 84)

Gemäß der Abbildungsvorschrift gilt:

$\overline{NP} \cdot \overline{NP'} = (2r)^2$ und damit auch $\overline{NP} = \dfrac{(2r)^2}{\overline{NP'}}$ und $\overline{NP'} = \dfrac{(2r)^2}{\overline{NP}}$; (·)

Für die Streckenlängen *a* und *b* gilt nach Strahlensatz:

$\dfrac{a}{b} = \dfrac{\overline{NP'}}{\overline{NP}} \stackrel{(*)}{=} \dfrac{4r^2}{\overline{NP}^2} \stackrel{Pythagoras}{=} \dfrac{4r^2}{4r^2 + b^2} \stackrel{Pythagoras}{\underset{i.d.(u,v)-Ebene}{=}} \dfrac{4r^2}{4r^2 + u_p^2 + v_p^2}$

Außerdem gilt nach Strahlensatz für die z-Koordinate:

$$\frac{\overline{NH}}{\overline{N0}} = \frac{2r - z_p}{2r} = \frac{a}{b} \Rightarrow z_p = 2r \cdot \left(1 - \frac{a}{b}\right) = 2r \cdot \left(1 - \frac{4r^2}{4r^2 + u_p^2 + v_p^2}\right) = 2r \cdot \frac{u_p^2 + v_p^2}{4r^2 + u_p^2 + v_p^2}$$

$$z_p = 2r \cdot \frac{u_p^2 + v_p^2}{4r^2 + u_p^2 + v_p^2}$$

Wiederum mit dem Strahlensatz in der *(x/y)*-Ebene gelten auch:

$$\frac{y_p}{v_p} = \frac{a}{b} \quad \text{und} \quad \frac{x_p}{u_p} = \frac{a}{b}$$ und damit für die anderen beiden räumlichen Koordinaten:

$$y_p = \frac{4r^2 \cdot v_p}{4r^2 + u_p^2 + v_p^2}$$

und auch

$$x_p = \frac{4r^2 \cdot u_p}{4r^2 + u_p^2 + v_p^2}$$

Damit sind die Umrechnungsformeln für die Projektion $P(u_p|v_p) \to P'(x_p|y_p|z_p)$ gefunden, es fehlen noch die Formeln für die Rückprojektion $P'(x_p|y_p|z_p) \to P(u_p|v_p)$:

$$\frac{a}{b} = \frac{\overline{NP'}}{\overline{NP}} \stackrel{(*)}{=} \frac{\overline{NP'}^2}{4r^2} \stackrel{Pythagoras}{=} \frac{(2r - z_p)^2 + a^2}{4r^2} \stackrel{\substack{Pythagoras \\ i.d.(x,y)-Ebene}}{=} \frac{(2r - z_p)^2 + y_p^2 + x_p^2}{4r^2}$$

also $\dfrac{b}{a} = \dfrac{4r^2}{(2r - z_p)^2 + y_p^2 + x_p^2}$ sowie nach Strahlensatz $\dfrac{v_p}{y_p} = \dfrac{b}{a}$ und $\dfrac{u_p}{x_p} = \dfrac{b}{a}$ folgt:

$$u_p = \frac{4r^2 \cdot x_p}{4r^2 - 4rz_p + x_p^2 + y_p^2 + z_p^2}$$

und schließlich auch

$$v_p = \frac{4r^2 \cdot y_p}{4r^2 - 4rz_p + x_p^2 + y_p^2 + z_p^2}$$

Die Spiegelung am Kreis   78

Folgendes Beispiel läßt sich zeichnerisch leicht nachprüfen:
M(0/0/1);r=1;P'(1/0/1) auf dem Äquator ergibt eingesetzt *P(2/0)* in der Projektionsebene:

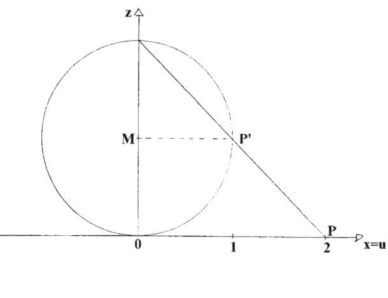

(Abb. 85)

Bei der stereographischen Projektion werden (wie man sich leicht überlegt) die Breitenkreise wieder auf Kreise abgebildet, wobei die Radien der Bildkreise in Richtung Nordpol stark zunehmen (in der Zeichnung wird die vordere Halbebene nach unten in die Zeichenebene geklappt!):

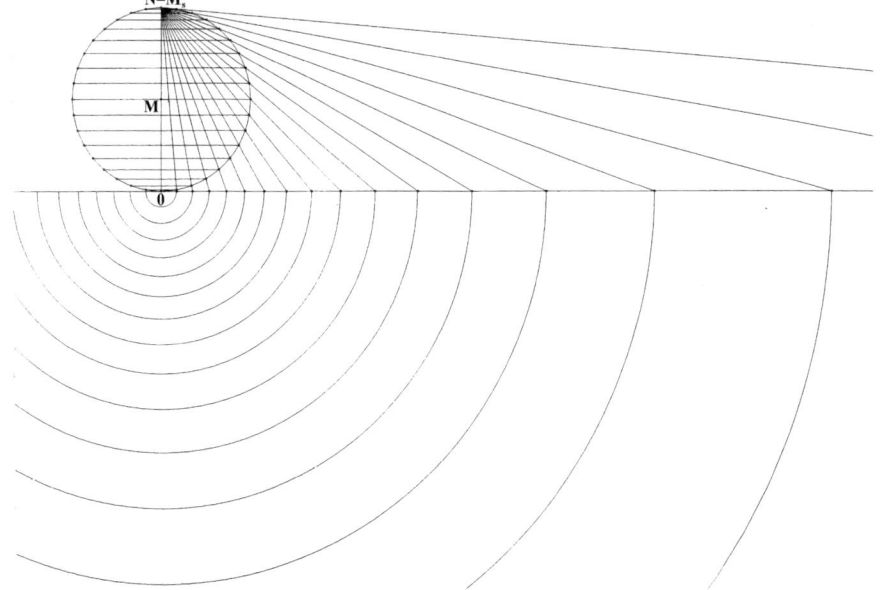

(Abb. 86)
Das Bild des Äquators hat (vgl. obiges Beispiel) den Radius *2r*, innerhalb davon liegen die Bilder der Breitenkreise der unteren (südlichen) Halbkugel, außerhalb die der oberen (nördlichen) Hemisphäre:

Die Spiegelung am Kreis

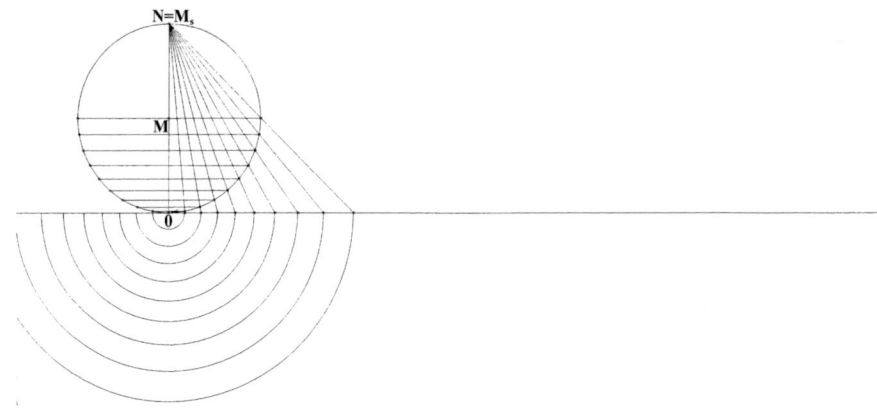

(Abb. 87)

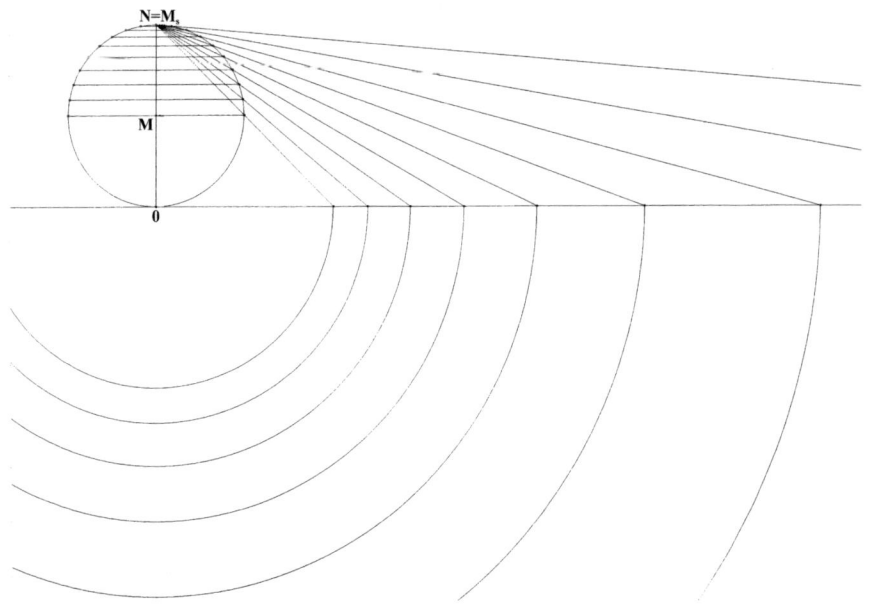

(Abb. 88)
Wir können den Radius ρ' des Bildes von einem Breitenkreis in Abhängigkeit von dessen Radius ρ bestimmen, nicht aber als Funktion des Breitengrad-Winkels φ.

Die Spiegelung am Kreis

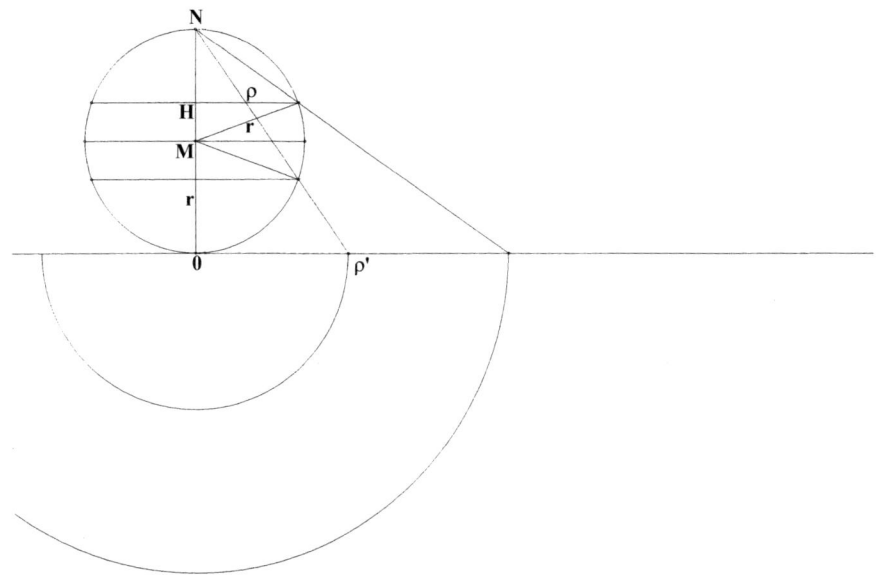

(Abb. 89)

Auf der oberen (nördlichen) Halbkugel gilt:

$$\frac{\rho'}{\rho} = \frac{\overline{N0}}{\overline{NH}} = \frac{2r}{r - \sqrt{r^2 - \rho^2}} = \frac{2}{1 - \sqrt{1 - \frac{\rho^2}{r^2}}} \quad \text{und damit} \quad \rho' = \frac{2\rho}{1 - \sqrt{1 - \frac{\rho^2}{r^2}}}$$

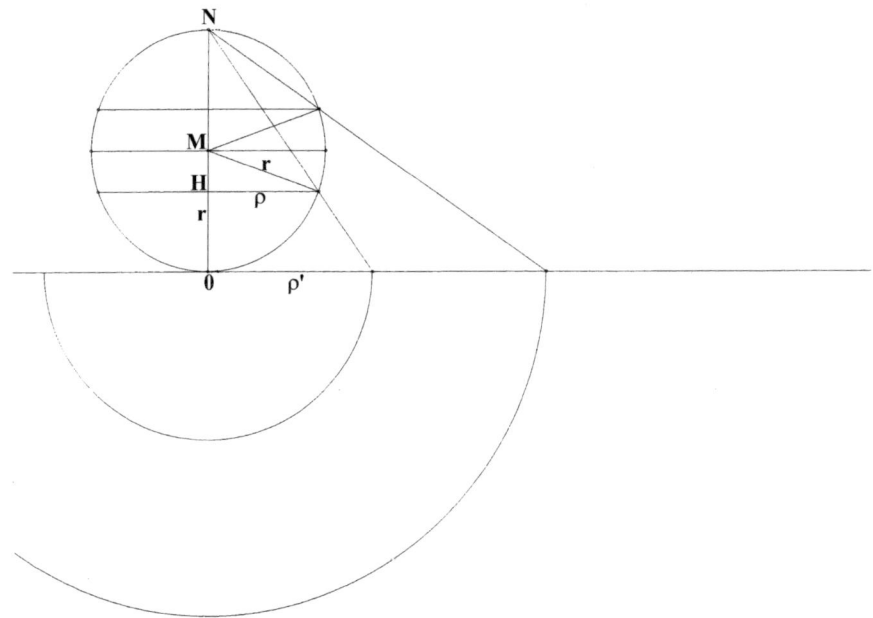

(Abb. 90)

Entsprechend gilt für die Breitenkreise der unteren (südlichen) Hälfte dann:

$$\frac{\rho'}{\rho} = \frac{\overline{N0}}{\overline{NH}} = \frac{2r}{r + \sqrt{r^2 - \rho^2}} = \frac{2}{1 + \sqrt{1 - \frac{\rho^2}{r^2}}} \quad \text{und damit} \quad \rho' = \frac{2\rho}{1 + \sqrt{1 - \frac{\rho^2}{r^2}}}$$

Letztendlich sehen wir am Beispiel der stereographischen Projektion auch noch folgendes: Die Abbildungsvorschrift der Kreisspiegelung läßt sich so wie sie ist übertragen auf die räumliche „Kugelspiegelung" (siehe Kapitel 11 „Die große Schwester der Kreisspiegelung – die Kugelinversion), da wir in jeder Schnittebene durch die Gerade NS die Situation aus Abb. 80 vorfinden. Entsprechend könnte man die Kugel auch in eine Ebene projizieren, auf der sie nicht aufliegt! In der Schnittebene wird dann natürlich statt einer Tangente eine Passante kreisgespiegelt, deren Bild ein innerhalb k_s liegender Kreis durch $N=M_s$ ist:

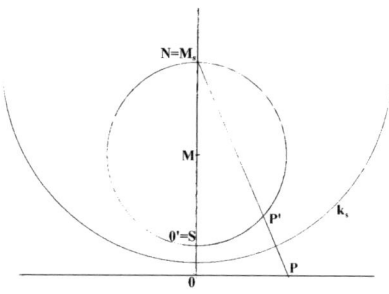

(Abb. 91)

Entferntere Ebenen werden also auf kleinere Kugelflächen durch M_s abgebildet, der ganze Halbraum jenseits der Berührebene dann selbstverständlich auf das Innere der Kugel aus Abb. 84! Schließlich soll jetzt noch ein sehr reizvolles Thema angesprochen werden, bei dem sich unsere Abbildung als Beweiswerkzeug sehr gut bewährt.
Eine sehr schöne Anwendung für die Inversion ist der Nachweis für die Berühreigenschaft des Feuerbachkreises. Aufgrund ihres Umfangs wurde ihr das folgende, eigene Kapitel gewidmet.

10. Die Berühreigenschaften des Feuerbachkreises

Üblicherweise wird der Feuerbachsche Kreis eines Dreiecks in der Schule bestenfalls als Feuerbachscher Neunpunktekreis behandelt, vielleicht noch der Satz des Apollonius als Sonderfall bei einem rechtwinkligen Dreieck. Hier soll eine weitere interessante Eigenschaft des Feuerbachkreises behandelt werden. Um einen leichteren Einstieg zu erhalten einerseits und eine gewisse Vollständigkeit zu bewahren andererseits hier nun zunächst die bekannten Sätze:

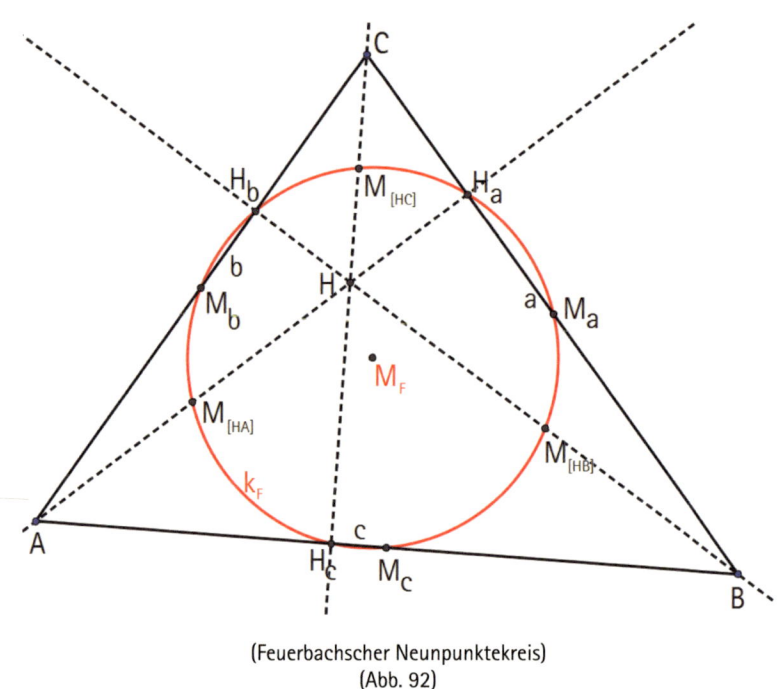

(Feuerbachscher Neunpunktekreis)
(Abb. 92)

Folgende neun Punkte liegen bei einem ebenen Dreieck ABC auf einem Kreis:
a) die Seitenmittelpunkte M_a, M_b, M_c,
b) die Höhenfußpunkte H_a, H_b, H_c sowie
c) die Mittelpunkte $M_{[HA]}$, $M_{[HB]}$, $M_{[HC]}$ der Verbindungsstrecken des Höhenschnittpunkts H und der Eckpunkte.

(Feuerbachscher Neunpunktekreis)
(Karl Wilhelm Feuerbach, deutscher Mathematiker, 1800-1834)

Auf einen Beweis wird hier verzichtet, er ist beispielsweise bei Barth, Anschauliche Geometrie 3, Ehrenwirth-Verlag auf S. 51 nachzulesen.
Handelt es sich sogar um ein rechtwinkliges Dreieck, so gilt als Sonderfall der Satz des Apollonius:

Die Spiegelung am Kreis

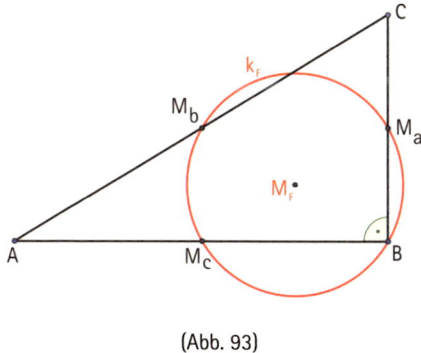

(Abb. 93)

In einem rechtwinkligen Dreieck ABC liegen der Fußpunkt der Hypotenusenhöhe und die drei Seitenmittelpunkte auf einem Kreis.

(Satz des Apollonius)
(griech. Mathematiker und Astronom, ca. 200 v. Chr.)

Hier soll nun im Zusammenhang mit der Kreisspiegelung ein weiterer Satz von K.W. Feuerbach behandelt werden, der im Jahre 1822 veröffentlicht wurde:

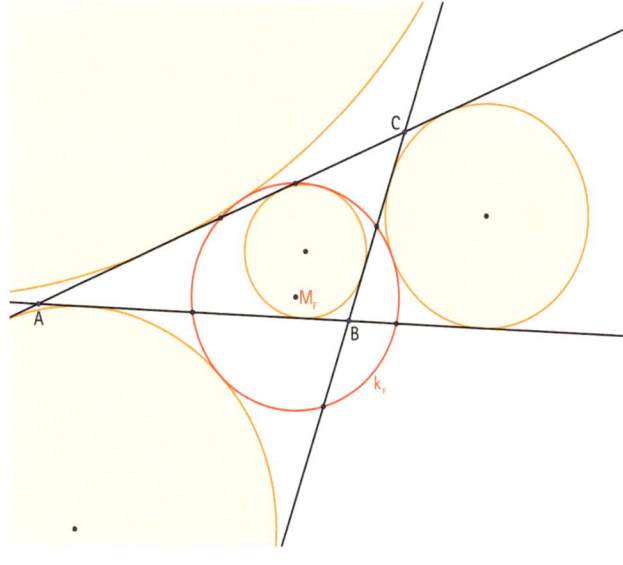

(Abb.94)

> Der Feuerbachsche Kreis eines Dreiecks berührt den Inkreis und die drei Ankreise dieses Dreiecks.

(Berühreigenschaft des Feuerbachkreises)

An dieser Stelle sollte sicherheitshalber kurz erwähnt werden, was man unter den drei Ankreisen eines Dreiecks versteht, weil diese wohl leider oft bei der üblichen Dreieckslehre unerwähnt bleiben:
Nicht nur die drei (Innen-) Winkelhalbierenden eines Dreiecks schneiden sich in einem Punkt (dem Inkreismittelpunkt nämlich), sondern auch jeweils zwei Lote darauf in den Eckpunkten (bzw. die Außen-Winkel-Halbierenden) und die dritte (Innen-)Winkel-Halbierende. Diese Schnittpunkte sind die Mittelpunkte der drei Ankreise, von denen jeder eine Dreiecksseite von außen und die Verlängerungen der anderen auf der dem Dreiecks-Inneren zugewandten Seite berührt.
Der Feuerbachkreis berührt also nach obiger Behauptung sowohl den Inkreis als auch die drei Ankreise eines Dreiecks, was wir nun mit Hilfe der Inversion am Kreis beweisen wollen. Überhaupt eignet sich die Kreisspiegelung ja wie gesehen oft zur Lösung von Berührproblemen.
Wir wählen zunächst ein beliebiges Dreieck ABC und zeichnen seinen Inkreis sowie einen der drei Ankreise.

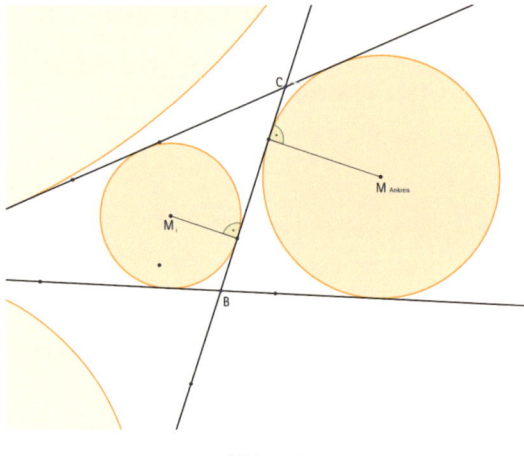

(Abb. 95)

Beweisidee:
Wähle als Inversionskreis einen Kreis, der senkrecht auf In- und Ankreis steht, damit diese als Fixkreise auf sich abgebildet werden.
Weise nun nach, dass das Spiegelbild des Feuerbachkreises eine gemeinsame Tangente von In- und Ankreis ist. Weil die Berühreigenschaft bei der Spiegelung am Kreis erhalten bleibt, muss auch der Feuerbachkreis selbst schon beide berühren!

Beweis:
Als gemeinsamer Orthogonalkreis bietet sich der Thaleskreis über den Berührpunkten T und T_A des In- und des Ankreises an der Seite BC als Spiegelkreis an:

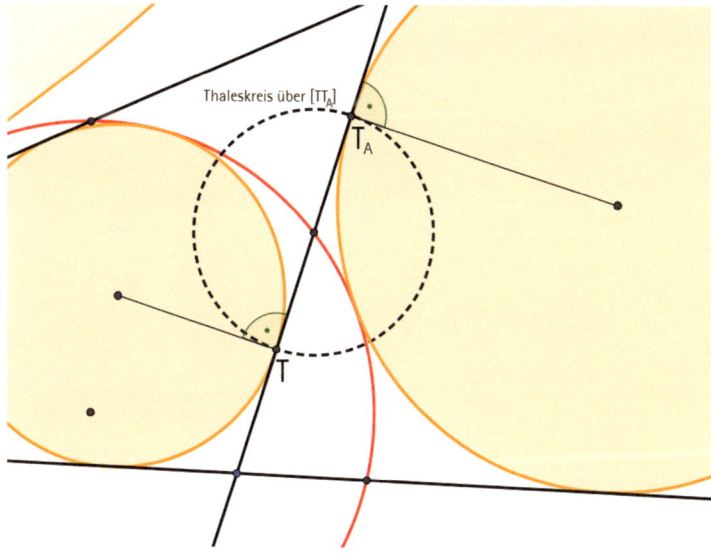

(Abb. 96)

Nun zeichnen wir noch den Feuerbachschen Kreis ein (dabei sind P und Q die Seitenmittelpunkte von [AC]=b und [AB]=c!):

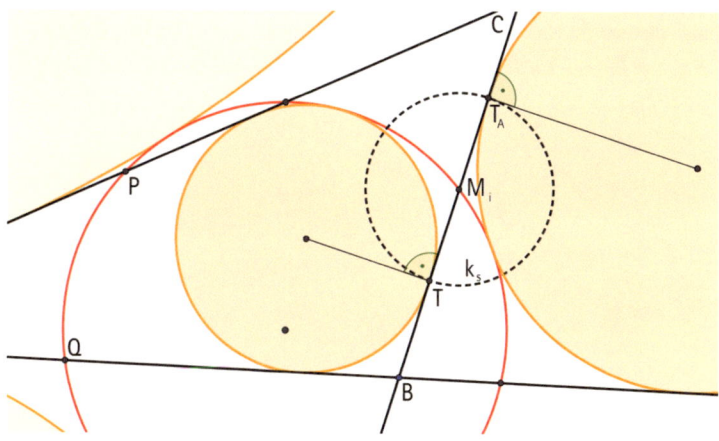

(Abb. 97)

Es sieht schon so aus, als ob der Feuerbachkreis durch den Mittelpunkt M_i des Spiegelkreises gehen würde. Dies ist genau dann der Fall, wenn M_i der Mittelpunkt der Strecke [BC] ist, was es zunächst zu beweisen gilt:
Zu diesem Zweck zeichnen wir noch die andere (außer BC) gemeinsame Innentangente B'C' von In- und Ankreis ein (mit ihren Berührpunkten T' und T_A'):

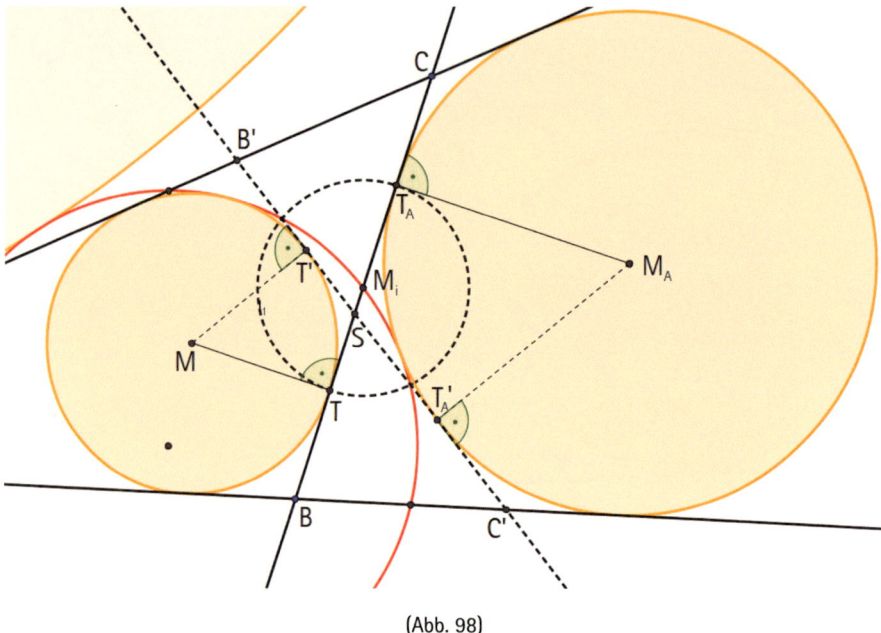

(Abb. 98)

Wir ergänzen jetzt noch die Berührpunkte T_c sowie T_{Ac} der Seite AB am In- und am Ankreis und legen (nach Erkennen diverser Drachenvierecke) zwecks Übersichtlichkeit die Längen x,x',y und y' fest:
$\overline{T_cB} = \overline{BT} = y$; $\overline{BC'} = x$; $\overline{T_A'C} = \overline{C'T_{Ac}} = y'$ und $\overline{T'T_A'} = \overline{TT_A} = x'$

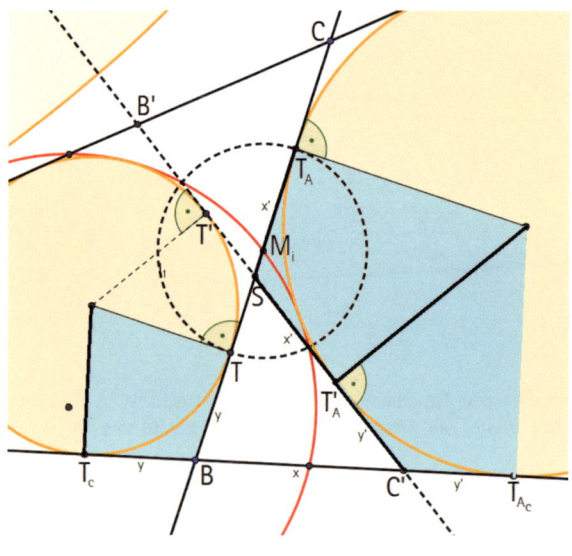

(Abb. 99)

Offensichtlich gilt wegen $\overline{T_cC'} = \overline{C'T'}$ (Drachenviereck MT$_c$C'T' !) die Gleichung $x+y = x'+y'$ und gleichermaßen wegen $\overline{T_AB} = \overline{BT_{Ac}}$ (Drachenviereck M $_A$T$_A$BT$_{Ac}$!) sowie $\overline{TS} = \overline{ST'}$ und $\overline{ST_A} = \overline{ST_A'}$ auch $y'+x = x'+y$, also $x = x'$ und $y = y'$.
Mit $\overline{CT_A} = \overline{C'T_{Ac}} = y' = y = \overline{TB}$ folgt schließlich, dass M$_i$ der Mittelpunkt der Strecke [BC] ist.
Folglich geht der Feuerbachkreis (als Umkreis des Seitenmittelpunkt-Dreiecks) durch den Mittelpunkt M$_i$ des Spiegelkreises, d.h. sein Bild ist eine Gerade durch die beiden Schnittpunkte.
Für den Spiegelkreisradius r$_i$ erhalten wir übrigens:

$$r_i = \frac{1}{2} \cdot x' = \frac{1}{2} \cdot x = \frac{1}{2} \cdot (\overline{AC'} - \overline{AB}) = \frac{1}{2} \cdot (\overline{AC} - \overline{AB}) = \frac{1}{2} \cdot (b-c) \quad (*)$$

Nun ist noch nachzuweisen, dass die zweite Innentangente B'C' gerade das Bild des Feuerbachkreises ist; wir gehen dabei folgendermaßen vor:
Zunächst werden die beiden Schnittpunkte der Innentangente B'C' mit den Halbgeraden [M$_i$P und [M$_i$Q mit P' und Q' bezeichnet. Wenn sich nun herausstellt, dass P und P' sowie Q und Q' gleichzeitig die Abbildungsvorschrift der Kreisspiegelung an k$_i$ erfüllen (nämlich $\overline{MP} \cdot \overline{MP'} = \overline{MQ} \cdot \overline{MQ'} = r_s^2$), dann ist gezeigt, dass Innentangente und Bild des Feuerbachkreises identisch sind (weil das Bild des Feuerbachkreises ja eine Gerade ist und diese durch zwei Punkte, hier P' und Q', festgelegt ist!).
Der Beweis nun im einzelnen:
Die Winkelhalbierende AS teilt bekanntlich die Gegenseite [BC] im Verhältnis der anliegenden Seiten, also gilt $\dfrac{\overline{BS}}{\overline{CS}} = \dfrac{c}{b}$ (**)
An folgenden Zeichnungen findet man jeweils eine Strahlensatzfigur:

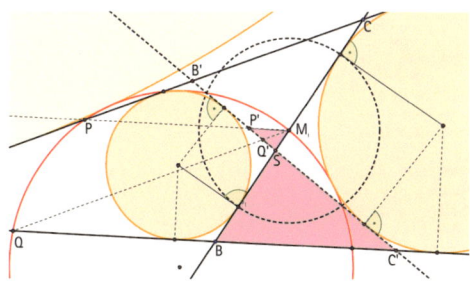

(Abb. 100)

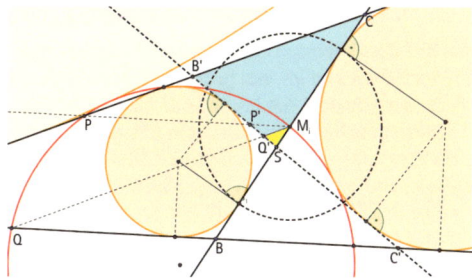

(Abb. 101)

Aus Abb. 100 entnimmt man: $\dfrac{\overline{P'M_i}}{\overline{BC'}} = \dfrac{\overline{SM_i}}{\overline{SB}}$ (***)

Abb.101 liefert zusätzlich: $\left(\dfrac{\overline{Q'M_i}}{\overline{B'C}}=\right)\dfrac{\overline{Q'M_i}}{\overline{BC'}} = \dfrac{\overline{SM_i}}{\overline{SC}}$

Daraus folgt nun weiter $\dfrac{\overline{P'M_i}}{\overline{Q'M_i}} = \dfrac{\overline{SC}}{\overline{SB}} = \dfrac{b}{c}$ wegen (**); Multiplikation mit dem Hauptnenner ergibt:

$\overline{P'M_i} \cdot c = \overline{Q'M_i} \cdot b$

Weil aber [PM$_i$] und [QM$_i$] Seiten des Mittendreiecks von ABC sind, gilt $\overline{PM_i} = \dfrac{1}{2} \cdot c$ und $\overline{QM_i} = \dfrac{1}{2} \cdot b$,

also auch:

$\overline{PM_i} \cdot \overline{P'M_i} = \overline{QM_i} \cdot \overline{Q'M_i}$

Wegen (*) ist $\overline{BC'} = x = b - c$ (****)

Schließlich berechnen wir $\overline{PM_i} \cdot \overline{P'M_i} \stackrel{(***)}{=} \overline{PM_i} \cdot \left(\overline{BC'} \cdot \overline{SM_i} : \overline{BS}\right) \stackrel{(****)}{=} \overline{PM_i} \cdot \left((b-c) \cdot \overline{SM_i} : \overline{BS}\right)$ mit

Hilfe von $\dfrac{\overline{BS}}{a} = \dfrac{\overline{BS}}{\overline{BS} + \overline{SC}} = \dfrac{c}{b+c}$ (Teilverhältnis der Winkelhalbierenden AS!) zu

$\overline{PM_i} \cdot \overline{P'M_i} =$

$= \overline{PM_i} \cdot ((b-c) \cdot \overline{SM_i} : \dfrac{ac}{b+c} =$

$= \dfrac{1}{2} \cdot c \cdot ((b-c) \cdot \overline{SM_i} : \dfrac{ac}{b+c} =$

$= \dfrac{1}{2} \cdot c \cdot ((b-c) \cdot (\dfrac{1}{2} \cdot a - \overline{BS}) : \dfrac{ac}{b+c} =$

$= \dfrac{1}{2} \cdot c \cdot ((b-c) \cdot (\dfrac{1}{2} \cdot a - \dfrac{ac}{b+c}) : \dfrac{ac}{b+c} =$

$= \dfrac{1}{2} \cdot c \cdot ((b-c) \cdot (\dfrac{\dfrac{1}{2}ab + \dfrac{1}{2}ac - ac}{b+c}) : \dfrac{ac}{b+c} =$

$= \dfrac{1}{4} \cdot ac \cdot ((b-c) \cdot (\dfrac{b-c}{b+c}) \cdot \dfrac{b+c}{ac} =$

$= \dfrac{1}{4}(b-c)^2 =$

$= r_i^2$

Mit $\overline{PM_i} \cdot \overline{P'M_i} = r_i^2$ ist die Abbildungsvorschrift der Inversion erfüllt, ebenso für Q', d.h. die Gerade P'Q'=B'C' ist gleichermaßen Bild des Feuerbachkreises und zweite Innentangente, woraus sich die Berühreigenschaft des Feuerbachkreises an In- und (jedem beliebigen) Ankreis schließlich ergibt. Somit ist bewiesen, dass der Feuerbachkreis den In- und alle Ankreise berührt. Wir können aber sogar noch weiter folgern: Weil der Feuerbachkreis eines Dreiecks ABC gleichzeitig Feuerbachkreis aller drei Teildreiecke ist, in die der Höhenschnittpunkt H das Dreieck ABC zerlegt, berührt er auch dort jeweils In- und drei Ankreise, insgesamt also 16 Kreise, wie folgendes Abschlussbild zeigt:

Die Spiegelung am Kreis   90

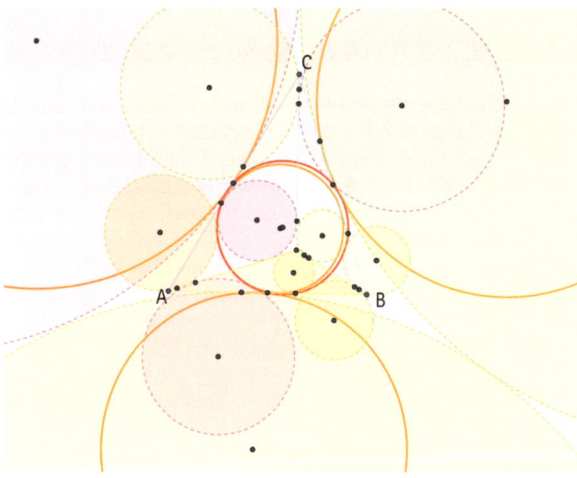

(Abb. 102)

Diese bemerkenswerten Berühreigenschaften des Feuerbachschen Kreises lassen sich m. W. nicht eleganter beweisen als hier gezeigt mit der Inversion am Kreis.

Und jetzt geht's in „3D" weiter!

Zunächst könnte man damit die räumliche Inversion an einem verspiegelten Zylinder (Kochtopf o.ä.) meinen, bei in allen parallel zur Standfläche verlaufenden Ebenen jeweils die Kreisspiegelung mit ihren bekannten Eigenschaften genügt. Die dritte Koordinate, die „Höhe" also, würde gleich bleiben. In diesem Fall würde sich beispielsweise für eine zur Symmetrieachse parallele Ebene außerhalb des Spiegelzylinders (vgl. Lasagne-Nudel!) als Spiegelbild ein die Symmetrieachse berührender Hohlzylinder (vgl. Maccaroni!) innerhalb ergeben.

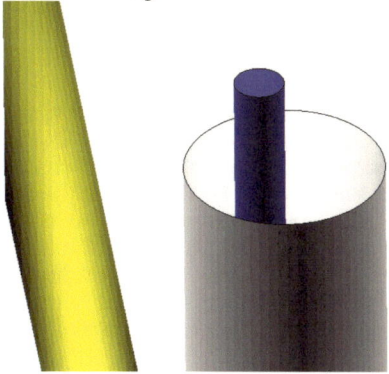

(Abb. 103)
Wesentlich interessanter ist jedoch die räumliche Inversion an einer *Kugel* im nächsten Abschnitt.

11 Die „große Schwester" der Kreisspiegelung – die Kugelinversion

Exemplarisch wird jetzt noch an einigen Details gezeigt, dass die entsprechende Abbildungsvorschrift für die „Spiegelung an der Kugel" auch im Raum mit drei Koordinaten „funktioniert" und Kugeln meist auf Kugeln sowie Ebenen meist auf Kugeln abgebildet werden. Hier wird der eingangs als jüngste Zielgruppe genannte Neuntklässler vermutlich Schwierigkeiten haben, die Rechnungen nachzuvollziehen. Grundsätzlich kann er aber die Eigenschaften der Kreisinversion durchaus bildlich im Raum bei der Kugelinversion wiedererkennen.
Als Spiegelkugel verwenden wir für das Beispiel die um den Ursprung mit Radius 4.
Als Spiegelobjekt wählen wir eine Kugel *durch* den Ursprung, also etwa die Kugel k um M(0|1|0) mit Radius 1.
Dann liegen die Punkte A(-1|1|0), B(0|2|0), C(1|1|0), D(0|1|1) und E(0|1|-1) auf k.

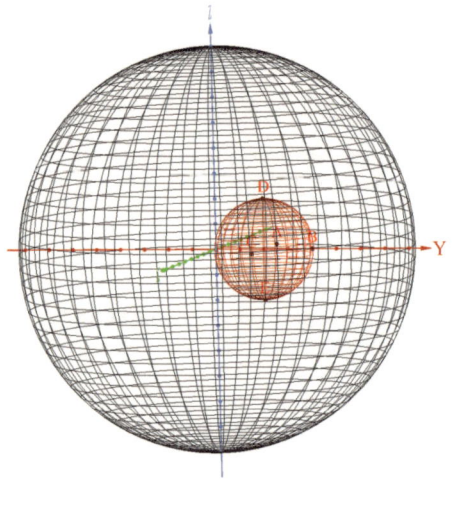

(Abb. 104)

Mit der bekannten Abbildungsvorschrift lassen sich die Bildpunkte bestimmen, wegen Spiegelkreisradius 4 muss gelten $\overline{AA'}=\overline{BB'}=\overline{CC'}=\overline{DD'}=\overline{EE'}=16$ und damit (weil Punkt und Bildpunkt jeweils auf dem gemeinsamen Ursprungsstrahl liegen) A'(-8|8|0), B'(0|8|0), C'(8|8|0), D'(0|8|8) und E'(0|8|-8). Diese Bildpunkte liegen (wie sich auch leicht nachrechnen lässt) eindeutig in einer Ebene, Kugeln durch den Ursprung werden also auf Ebenen invertiert, analog Kreisen bzw. Geraden bei der Kreisspiegelung vorher. Auch sonst gibt es keine Überraschungen, Kugeln werden (sonst) meist auf Kugeln abgebildet, Ebenen durch den Spiegelkreismittelpunkt auf sich selbst.
Die *stereographische Projektion* (siehe oben!) ist auch ein solcher Fall und hilft bekanntlich die kugelförmige Erdoberfläche auf die ebene Fläche einer Landkarte abzubilden.

Die Spiegelung am Kreis 92

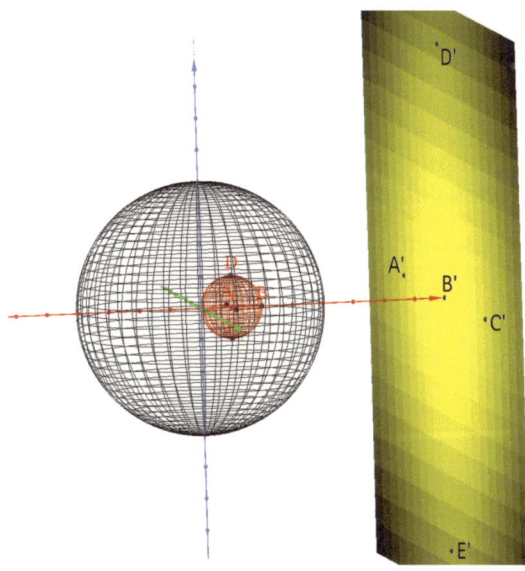

(Abb. 105)

Spiegelbilder an polierten (z.B. Christbaum-) Kugeln verblüffen dennoch gelegentlich, wie folgendes Phänomen zeigt:

Physik-Denksport: Warum sehen die Christbaumkugeln in der dunklen Kiste sechseckig aus?

(Abb. 106, aufgenommen im Science Center „ Technorama", Winterthur, Schweiz)

12 Getriebe des Teufels – oder: Kann die Inversion tatsächlich Erdbeben verhindern?

„Unendlich viele ineinander greifende Zahnräder können sich synchron drehen, wenn sie richtig angeordnet sind. Das gleiche Kunststück funktioniert auch für Kugeln." behauptet Christoph Pöppe in Spektrum der Wissenschaft 9/2004 – und wagt sich damit vom ebenen Problem eines Getriebes ausgehend in die räumlichen Zusammenhänge der Erdbebenvorhersage. Dabei argumentiert er – wie könnte es anders sein – mit der Kreisspiegelung als Berühreigenschaften vererbende Abbildung. Beginnen wir mit einem Getriebe aus zwei Zahnrädern:

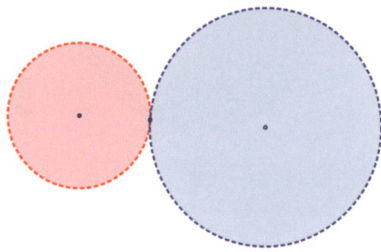

(Abb. 107)

Dreht sich das rote Rad im Uhrzeigersinn, dann dreht sich das blaue entgegengesetzt. Treibt das blaue Rad nun ein weiteres rotes an, so muss dieses wieder rechts herum drehen u.s.w., eine geschlossene Kette von solchen ineinandergreifenden Zahnrädern muss folglich aus einer geraden Anzahl von Zahnrädern bestehen, sonst kann sich keines davon drehen. Das typische Apolloniusproblem geht von drei Kreisen aus und hilft hier nicht weiter. Bei vier Zahnrädern sieht die Sache aber schon anders aus:

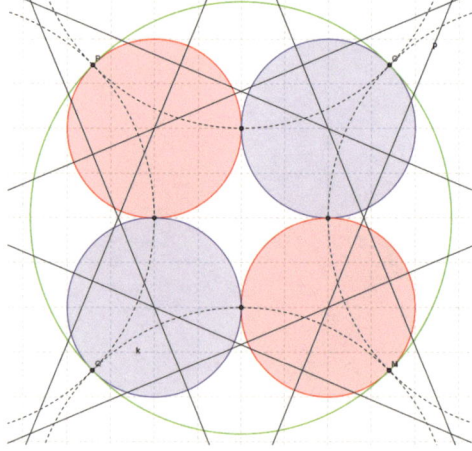

(Abb. 108)

Drehen sich beide rote Räder im UZS, dann drehen sich die blauen anders herum. Die gestrichelt eingezeichneten, schwarzen Kreise stehen senkrecht auf den „Rädern", als Inversionskreise verwendet werden die beiden geschnittenen Kreise auf sich abgebildet, die anderen beiden nicht, wohl aber die Berühreigenschaften aller Kreise. Spiegelt man nun immer wieder weiter an diesen Inversionkreisen, son entstehen in en Zwischenräumen immer mehr kleine Kreise, aber stets berührt jeder rote nur blaue und umgekehrt, ein solches Getriebe würde sich also ebenfalls drehen.

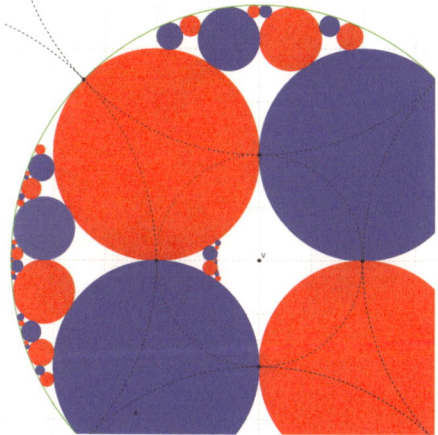

(Abb. 109)

Aber was zum Teufel hat dieses „Getriebe des Teufels" mit dem Thema Erdbebenvorhersage zu tun? Leider lassen sich mit der 3D-Variante dieser Idee zwar keine Erdbeben prophezeien, aber es lässt sich damit wenigstens theoretisch eine Möglichkeit beschreiben, warum es an manchen besonders kritischen Stellen – etwa zwischen zwei Kontinentalplatten – trotz größter Spannungen *nicht* zu einem Beben kommt: stellt man sich im Bereich zwischen den Platten idealisierte Kugel-Geröllmassen vor, die praktisch jeden Zwischenraum füllen und verschiedenste Größen haben, dann ist es eben in vollkommen analoger Weise wie beim Teufelsgetriebe oben durch Kugelinversion denkbar, dass verschiedenst große rote und blaue Kugeln den Bereich zwischen den Kontinentalplatten füllen, indem die roten nur blaue berühren und umgekehrt. Dann ist es möglich, dass sich alle roten und blauen Kugeln um eine gemeinsame Achslage drehen, aber in entgegengesetzter Richtung, als räumliches Kugellager also, das eine erdbebenfreie Entspannung ermöglichen könnte. Prof. Hans Hermann und sein Team haben das berechnet und visualisiert:

(Abb. 110 aus Spektrum 9/2004)
Im Internet ist auch ein kurzes, animiertes Video zu finden, in dem sich diese Kugeln wie beschrieben drehen:

(Abb 111, Screenshot aus: http://www.comphys.ethz.ch/hans/parallel.mpg)

Im Wesentlichen sind Sie nun am Ende dieses Büchleins angelangt, es folgt lediglich noch als Anhang der Nachweis des Sehnen-Tangenten-Satzes, der leider nicht zum mathematischen Standardwerkzeug der Schüler gehört, hier aber verwendet wurde.

13 Ergänzung: Der Sehnen-Tangenten-Satz

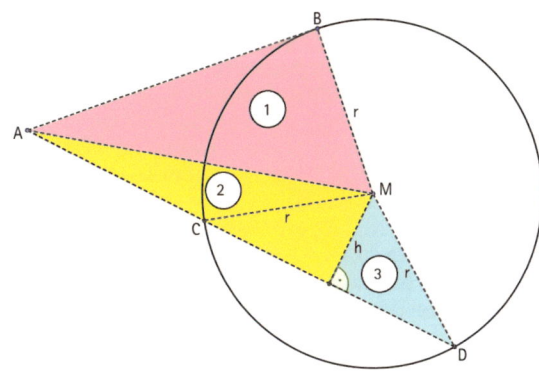

(Abb 112)

Sei A ein beliebiger Punkt außerhalb des Kreises k(M;r), AB Tangente an k und AD Sekante durch k wie oben;
dann gilt:

$$\overline{AC} \cdot \overline{AD} = \overline{AB}^2$$

Nach Pythagoras gilt:

(1) $\overline{AB}^2 + r^2 = \overline{AM}^2$

(2) $(\overline{AC} + \frac{1}{2}(\overline{AD} - \overline{AC}))^2 + h^2 = \overline{AM}^2$

(3) $h^2 = r^2 - \frac{1}{4}(\overline{AD} - \overline{AC})^2$

Einsetzen von (3) in (2) liefert:

$(\overline{AC} + \frac{1}{2}(\overline{AD} - \overline{AC}))^2 + r^2 - \frac{1}{4}(\overline{AD} - \overline{AC})^2 = \overline{AM}^2$

$\overline{AC}^2 + \overline{AC} \cdot (\overline{AD} - \overline{AC}) + \frac{1}{4}(\overline{AD} - \overline{AC})^2 + r^2 - \frac{1}{4}(\overline{AD} - \overline{AC})^2 = \overline{AM}^2$ in (1):

$\overline{AC}^2 + \overline{AC} \cdot (\overline{AD} - \overline{AC}) + r^2 = \overline{AB}^2 + r^2$

$\overline{AC}^2 + \overline{AC} \cdot (\overline{AD} - \overline{AC}) = \overline{AB}^2$

$\overline{AC}^2 + \overline{AC} \cdot \overline{AD} - \overline{AC}^2 = \overline{AB}^2$

$\overline{AC} \cdot \overline{AD} = \overline{AB}^2$ $(q.e.d.)$

Schlussbemerkung

Zunächst scheint es wohl weder sinnvoll noch zumutbar für die neunte Jahrgangsstufe, sich mit der Inversion am Kreis zu beschäftigen. Die Idee, die gesamte Thematik der Kreisspiegelung bereits mit den vergleichsweise einfachen Hilfsmitteln der Satzgruppe des Pythagoras, der zentrischen Streckung und der Ähnlichkeit aufzuarbeiten ließ mich jedoch nicht mehr in Ruhe, und ich probierte es mit einer (sehr leistungsstarken) neunten Klasse während der letzten Schulwochen im Sommer aus. Entgegen allen Erwartungen kamen die Schülerinnen und Schüler mit den ja zunächst sehr seltsamen Abbildungseigenschaften bald recht gut zurecht und konnten weitergehende Aufgaben durch Nutzung der Grundeigenschaften der Kreisspiegelung lösen.

Sehr motivierend waren für die Schüler u.a. die gespiegelten Koordinatengitter, die ich ihnen austeilte, und anhand derer sie doch einige optische Erfahrungen des Alltags wiederentdeckten(z.B. das Spiegelbild in der Christbaumkugel bzw. im Weitwinkel-Rückspiegel).

Als Einstieg ließ ich die Schüler (bei bekannter Abbildungsvorschrift) punktweise das Bild einer Passante konstruieren, und sie staunten nicht schlecht, als sich ein Kreis ergab.

Insgesamt kann ich (auch für einen Mathe-Pluskurs oder ein W-Seminar beispielsweise) das Thema Kreisspiegelung nur empfehlen, handelt es sich doch ausnahmsweise um eine nichtlineare Abbildung, die aber dennoch mit sehr einfachen Mitteln erforschbar ist. Außerdem ist sie ein ebenso wirkungs- wie reizvolles Werkzeug bei Inzidenzproblemen an Kreisen. Mit den heute verfügbaren dynamischen Geometrieprogrammen wie Geogebra lassen sich auch durch gezielte oder spielerische Änderung der Voraussetzungen (Lage von Punkten o.ä.) die Folgen für das Bild unmittelbar beobachten und bieten dadurch jee Menge zusätzliches Potential (die zugehörigen Geogebra-Dateien haben die gleiche Bezeichnung wie die jeweilige Abbildung und sind auf Anfrage gerne verfügbar!).

Vielleicht stößt dem einen oder anderen Kollegen der an manchen Stellen gewählte rein verbale und z.T. etwas legere Stil der Begründungen und Beweise ein wenig sauer auf. Dabei wurde an den Schüler gedacht, der sich selbständig mit dem Thema beschäftigt und ohne weitere fachliche Begleitung sowohl den Überblick als auch die Lust bewahren soll, ein Ziel, dessen Erreichen beispielsweise durch seitenlange algebraische Umformungen nicht gerade erleichtert wird. Dennoch werden exemplarisch einige Behauptungen auf möglichst verschiedene Arten streng bewiesen, und jedem Kollegen steht es natürlich frei, bestimmte Beweisformen zu bevorzugen und damit dieses mathematische Schmankerl nach seiner persönlichen Note zu verfeinern. Die hier wiedergegebenen Beweise sind teilweise nicht die elegantesten, dafür stammen die Ideen von Schülern und sind von mir übernommen worden in der Hoffnung, dass sie von anderen Schülern gut nachvollzogen werden können.

An dieser Stelle wird es höchste Zeit, Herrn OStD a.D. Johannes Kratz († 9.6.2012) für seinen Vortrag (an der LMU München im Rahmen des Fachdidaktik-Colloquiums Mathematik am Lehrstuhl von Prof. Fritzsch) ganz herzlich zu danken; bei dieser Veranstaltung hat er mir die Anregung gegeben, und seiner Bitte, mit Neuntklässlern die Inversion am Kreis zu besprechen, bin ich sehr gerne nachgekommen. Bedanken möchte ich mich auch bei meinen Söhnen Felix und Moritz für all die Geduld und insbesondere Felix Erlaubnis, die teilweise unvorteilhaft invertierten Fotos von ihm zu verwenden, sowie Moritz für die künstlerische Gestaltung des Umschlages.

Mein Ziel ist es, hiermit v.a. den interessierten Kolleginnen und Kollegen sowie Schülerinnen und Schülern eine brauchbare Rezeptsammlung für einige leckere mathematische Haupt- oder auch Zwischenmahlzeiten vorzulegen. Angesichts meiner Zielgruppe in der Mittelstufe habe ich die naheliegende, aber eben oberstufentaugliche Besprechung der Inversion im Rahmen der komplexen Zahlen bewusst ausgespart, hier böte (ggf. in einem W-Seminar) das bsv-Buch *Komplexe Zahlen* (Helmut Dittmann, Bayerischer Schulbuchverlag, ISBN 3-7627-3270-1) reichlich Anregungen. Für Anregungen, Ergänzungen, Aufgabenideen und Verbesserungsvorschläge jeder Art bin ich sehr dankbar. Gerne maile ich auf Anfrage (Adresse siehe unten) die Geogebradateien aller Abbildungen zum weiteren Forschen & Probieren zu, auch das (ursprünglich nur für den Eigenbedarf erstellte,

insofern leider wenig benutzerfreundliche und nicht weiter entwickelte Delphi-Programm zur teilweisen Inversion von bmp-Bildern mit Kurzanleitung
Hoffentlich hat Ihnen das stets bekömmliche Mahl auch ein wenig geschmeckt!

Florian Borges, St.-Oswaldstr. 23, 83278 Traunstein, florian.borges@t-online.de

Literaturhinweise:

Borges, Florian:	*Geometrie mit Zirkel, aber ohne Lineal*, MU – Der Mathematikunterricht, Friedrich Verlag, Dezember 2002
Holländer, Klaus:	*Über die Lösung des apollonischen Berührproblems auf der Kugel und im Raum mittels geometrischer Transformationen,* 5. Tagung der DgfGG 2009
Kratz, Johannes:	*Die Kreisspiegelung,* Didaktik der Mathematik 1994, Heft 3, 22. Jahrgang, Bayerischer Schulbuch-Verlag, München
Pöppe, Christoph:	*Die Getriebe des Teufels,* Spektrum der Wissenschaft, September 2004
Schmidt, Hermann:	*Die Inversion und ihre Anwendungen,* Oldenbourg-Verlag, München, 1950